서정시의 언어와 이념

최 승 호 지음

청운

■ 서문

― 관계와 만남의 시학을 위하여

서정시는 관계의 시학이다. 그런 점에서 서정시학은 정치학이면서 윤리학이다. 서정시는 만남의 시학이다. 만남의 시학이란 말에는 동일성이란 용어가 지니고 있는 주체중심적 뉘앙스를 피하고 싶은 마음이 들어가 있다. 시적 만남에는 여러 가지 방식이 있다. 먼저 근대 서구의 낭만주의적 방법이 있다. 이것은 주체가 중심이 되어 대상과 동일성에 이르는 방법이다. 여기에는 주체가 대상을 자기식대로 해석하고 관리한다는 뜻이 내포되어 있다. 이때의 주관적인 해석은 언어에 의해 이루어진다. 해석은 다른 말로 의미부여 행위, 즉 명명행위이다. 은유적 명명행위는 주체가 대상에 대해서 일방적으로 정의를 내리는 방식이다. 인간이 사물의 본질을 이해하고 그것을 언어로 드러내고자하는 행위이다.

그런데 근대 이후 인간은 사물 자체를 알 수 없게 되었다. 근대 과학적 지식이 증대될수록 사물과 인간 사이에는 더 큰 간극이 생겨버린 것이다. 소월의 시에서 본격적으로 나타나기 시작하는 '저만치'라는 존재론적인 거리는 바로 근대적 탈신화화의 비극적 산물인 것이다. 대상과 주체 사이의 좁힐 수 없는 거리를 좁히려 헛되이 애쓰는 것이 바로 낭만적 아이러니이다. 그 헛된 노력은 언어로 이루어진다. 그러나 근대적 주체가 붙인 이름은 언제나 사물의 표면에서 빗나간다. 그럼에도 불구하고 우리는 이 불구의 언어로 사물에다 이름을 붙여야 한다. 은유주의자들에게 있어서 중요한 것은 사물의 본질이 아니라, 자신이 사물의 본질이라 믿고 있는 '의미'일 것이다. 이 의미마저 부정해버리면 정말로 무의미한 인생, 무가치한 세계가 되어버릴 것이다. 어쨌든 낭만적 서정시에 있어서 자아와 대상의 만남은 인간이 언어로 부여한 의미를 매개로 이루어진다.

그런데 보들레르 이후의 모더니즘 해체시는 명명이 아니라 호명 행위에 의존하고 있다. 모더니스트들은 더 이상 명명행위를 하지 않는다. 그들은 사물에다 이름을 붙여주기를 포기하고 사물의 이름을 불러주는 것으로 만족한다. 정확히는 사물의 이름을 불러내어준다. 무의식이나 역사의 지층에 묻힌 소외되고 잊힌 존재들의 이름을 불러내어준다. 불러내어 병치적으로 나열할 뿐이다. 이 병치적 나열이 중요하다. 병치적 나열에는 역사와 현실을 재구성하려는 혁명적 열망이 들어가 있다. 사물의 이름을 불러낸다는 것은 그 사물의 삶, 서사를 복원해준다는 의미가 들어있다. 역사의 부스러기들로 치부된 사소한 존재들의 권리를 회복시켜준다는 의도가 담겨 있다. 왜곡된 채 묻혀 있는 사물들은 이때 무한한 자유와 해방을 만끽하게 된다.

환유에 의존하고 있는 해체시는 단순한 말놀이가 목표로 될 수 없다. 단순한 말놀이 시는 허무주의에 지나지 않는다. 어찌 허무주의가 해체시의 목표로 설정될 수 있겠는가. 언어에서 인간적 의미를 배제한다는 것은 언어가 곧 사물임을 지향하는 것이다. 즉 사물들이 스스로 존재하며 자신의 본질을 드러내게 하자는 게 환유의 목적이다. 이를 위해서는 동일성보다 차이성을 강조할 수밖에 없다. 그렇게 하려면 언어에서 인간적 의미를 제거해야 하는데 이론적으로는 가능해도 실제로는 불가능하다는 게 그들 시학이 지닌 근본적인 모순이다.

실낙원 개념도 없고 '저만치'라는 존재론적 거리 개념도 없는 또 하나의 서정적 만남의 방식이 존재한다. 그것은 바로 전통 동양적 방식이다. 서구 낭만적 방법이 지나친 주체중심주의로 기울게 되면 미학적으로 제국주의화 내지 파시즘에 이르게 된다. 해체주의가 극단화되면 지나친 개인주의화, 파편화로 귀결된다. 그런데 이 극단적인 전체주의와 극단적인 개인주의화는 동전의 양면에 지나지 않는다. 서로가 서로에게 기대어 사는 것이다. 이런 양극단을 비판하며 제3의 길을 들고 나온 것이 제유적 상상력이다.

제유는 통합을 지향하는 은유와 해체를 추구하는 환유의 중간에 위치한다. 제유에서는 주체중심도 없고, 대상 중심도 없다. 모든 사물들이 동일한 氣로 이루어져 있다고 본다. 시적 주체는 대상보다 우위에 있지도 않고 아래에 있지도 않다. 인간 자신이 사물의 입장에서 사물을 인식한다. 제유론자들은 物我一體라는 개념으로 시적 만남의 방식, 동일화의 방식을 말한다. 이 물아일체는 이성적으로만 이루어지지 않는다. 그렇다고 이성이 배제되지도 않는다. 물아일체는 직관적인 방법인데, 여기에는 지·정·의가 하나로 통합되어 있다. 유가들이 상대적으로 이성을 좀 더 중시 여기는데 비해, 노장 사상가들과 불가들은 경시 여기는 편이다. 똑같은 이유로 유가들은 언어에 대한 믿음을 많이 가지고 있는 반면, 노장 사상가들과 불가에서는 그렇지 못하다.

오늘날 정신주의자들은 확실히 전통 동양사상에다 많은 빚을 지고 있다. 그들은 근대의 폐해를 극복하기 위해 전근대 사상을 빌어 왔다. 그런데 이 직관에 의존하는 전통적 방법만으로는 이 시대 바람직한 시적 만남에 이르는 데에 한계가 있어 보인다. 근대적 갈등, 사회적 갈등을 설명하는 데에는 직관적 방법에 한계가 있다. 이제 주체의 마음 고쳐먹기에 따라 문제가 해결되는 시대가 아니기 때문이다. 주체와 대상 사이의 갈등이나 거리, 차이를 해소하기 위해선 과학적 인식방법도 수용해야 할 것이다. 바람직한 시적 만남을 위해서는 그 만남을 방해하는 현실적 문제도 고려해야 한다. 진정으로 감동적인 작품은 서사적 갈등을 함유하면서 서정적 비전을 제시해야 하는 것이다.

필자는 미메시스라는 용어를 나름대로 새롭게 해석해서 시적 만남의 방식을 하나 더 제시한 바 있다. 그것은 이 책에 실린 논문 「시와 동일성」에 들어있기 때문에 상세한 언급은 피하기로 한다.

사회도 인간의 내면도 인간과 자연과의 관계도 갈수록 점점 더 해체되어가는 시대, 이 해체되고 파괴되어가는 것들을 수수방관하거나 허무주의에 빠져 폭로하는 것만으로는 소망이 없다. 중요한 것은 해체된 것들이 서로 관계를 맺고 만나고자 대화를 시도하는 것이다. 다시 언어가 문제인 것이다. 언어 없이는 인간도 존재하지 못하는 것이다. '나는 말한다. 고로 존재한다'라는 명제가 불쑥불쑥 뇌리에 떠오른다. 시인은 자본이라는 가공할만한 힘에 맞서 싸우는 연약한 존재이다. 그러나 그는 언어라는 무기를 지니고 있다. 그는 언제나 지는 게임을 하고 있는 것처럼 보인다. 그러나 수많은 시인들이 뱉어놓은 무수한 언어들이 쌓이고 쌓여 역사의 물줄기를 바꾸게 되는 것이다. 역사라는 거대한 배의 방향을 결정하는 것은 키보다 작은 세치 혀인 것이다. 이 언어가 살아있는 한 서정시는 무한한 저력을 지니게 된다. 태초에 언어가 먼저 있었다.

나와 만나고 관계를 맺은 많은 분들, 내가 매일 가는 산들, 하늘과 구름들, 고향의 개울, 버들치, 장마비, 안개, 가을바람과 억새 등 수많은 책들에게 고마움을 전한다. 교정을 봐준 제자 조대한에게도 감사의 말을 전한다. 도서출판 청운 전병욱 사장님과 관계자들에게도 깊은 감사를 드린다.

2015년 여름
최승호

차례

서정시의 언어와 이념

백석 시의 풍경 연구

1. 서론

동양에서는 풍경을 묘사한 시가 중요한 장르로 존재해왔었다. 조지
훈 같은 이는 '주관적인 표현'을 강조하는 서정시와 '객관적인 묘사'를
강조하는 서사시의 중간지점에 '敍景詩'라는 장르를 따로 설정할 만큼
풍경을 묘사한 시의 중요성을 강조하고 있다. '서경시'는 주관적인 미와
객관적인 미를 다 포괄하기 때문에 서정시나 서사시보다 우월하다고
주장하고 있을 정도이다.[1] 이는 풍경을 묘사한 동양의 서정시가 주체
중심주의적인 경향을 띠고 있는 서양의 서정시론으로는 설명될 수 없
는 독특한 성격을 띠고 있다는 것을 의미한다.

풍경은 원래 풍경화에서 유래된 개념이다. 풍경은 그 자체가 대상이
아니다. 대상 그 자체도 풍경은 아니다. 풍경은 대상을 바라보는 시각
주체가 전제된 용어이다.[2] 풍경은 대상과 시각 주체 사이의 상호관계
에서 구성되는 것이다. 풍경은 대상을 선택하고 새롭게 구성한 결과
시각 주체의 마음에 그려진 세계의 모습이다. 다시 말하면, 풍경이란
대상을 바라보는 시각 주체의 의식 속에 형성되는 심미적 형상이다.

풍경이란 외부에 실재하는 것이 아니라 시각 주체의 의식 속에서 만

---

1) 조지훈, 「시의 원리」, 『조지훈전집 3』, 일지사, 1973, pp.77~78.
2) 김문주, 「한국 현대시의 풍경과 전통」, 고려대학교 대학원 박사학위논문,
   2005, p.1.

들어진 산물이다.[3] 즉 풍경에는 시각 주체의 세계관이 반영되어 있다. 그것은 순수하게 객관적이지도 않고 순수하게 주관적이지도 않다.[4] 따라서 순수하게 객관적인 풍경은 없다. '있는 그대로'가 아니라 '보이는 대로' 묘사하여 얻어진 풍경은 결코 순수하지가 않다. 시에서 풍경이란 화자의 시선에 포착된 세계상이다. 이런 의미에서 풍경은 자아추구 내지 자아실현의 한 형태이다. 자신의 세계관이 반영된 풍경을 통해 시적 주체는 자아의 모습을 심미적으로 확인할 수 있다.

시각 주체의 세계관이 반영되어 있는 풍경은 두 가지 관점에서 논의될 수 있다. 풍경을 이루는 사물들 간의 관계가 하나이고 그 풍경 속의 사물들과 시각 주체의 관계가 다른 하나이다. 이 관계들을 통해서 우리는 풍경의 이념과 의미를 알 수 있다. 한 시인이 단순하게 사물을 있는 그대로 묘사만 한 것 같은 시를 통해서 그의 사상과 세계관을 알 수 있는 것이다. 또한 그의 문학적 소망과 꿈이 무엇인지 심층적으로 이해할 수 있는 것이다.

백석의 시에는 독특한 풍경이 많이 나타난다. 그것도 세련된 근대적인 감각으로 그려지고 있다. 특히 그의 시집 『사슴』(1936년) 발간 전후로 쓰여진 작품들에서 풍경이 집중적으로 나타난다. 객관적인 서정화 방식[5]을 취하고 있는 초기시에 풍경이 집중적으로 나타난다는 점에서 문제적일 수가 있다. 이 문제성은 문학사적인 의미로 발전될 가능성이 있다. 지금까지 많은 연구자들이 백석의 시를 언급할 때 풍경이란 용어를 써왔다.[6] 그렇지만 백석 시에 나타난 풍경을 본격적인 연구 주제로

---

3) 이효덕(박성관 역), 『표상공간의 근대』, 소명출판, 2002, p.42.
4) 김문주, 앞의 논문, p.3.
5) 백석의 초기시에 대해 신범순은 '객관적인 삶의 형식'이 보인다 하고, 정효구는 '객관주의자의 정신'이 나타난다고 언급한 바 있다.
   신범순, 『한국현대시사의 매듭과 혼』, 민지사, 1992, p.178.
   정효구, 「백석의 삶과 문학」, 정효구 편저, 『백석』, 문학세계사, 1996, pp.194~197.
6) 고형진, 「백석시 연구」, 고형진 편, 『백석』, 새미, 1996.

부각시킨 경우는 거의 찾아볼 수 없다. 아직 풍경이란 용어가 미학적인 개념으로 본격적으로 사용되고 있지 않기 때문으로 보인다.

본고에서는 백석의 시에 나타난 '풍경'을 통해 그의 사상을, 사물을 대하는 심미적 태도를 좀 더 심층적으로 연구해보고자 한다. 풍경 속의 사물들의 관계는 어떠한지, 그 사물들을 대하는 시적 주체의 태도가 어떠한지, 험난한 시대 그가 어떠한 소망과 꿈을 품고 살았는지 살펴볼 것이다.

여기에서는 백석 시에 나타나는 풍경을 세 가지 층위로 나누어 알아보고자 한다. 먼저 경치를 묘사한 시에 나타난 풍경이 있다. 둘째 풍속 또는 풍물을 묘사한 시에 나타난 풍경이 있다. 셋째 인간 행위, 곧 사건을 묘사한 시에 나타난 풍경이 있다. 그런데 이 세 가지 종류의 풍경은 따로따로 분리되어서 나타나기도 하지만 작품에 따라 섞여서 나타나기도 한다. 이 경우 어느 종류의 풍경이 지배적으로 나타나는가에 따라 유형분류를 하였다.

백석 시에 나타난 풍경은 대체로 토속적인 것이다. 이 토속적인 풍경이 세련된 근대적 감각으로 나타나는 것에 유념해보기로 했다. 이것은 기법적인 측면에서 연구해볼 것이다.[7]

2. 경치를 묘사한 시에 나타난 풍경

백석에게는 경치를 묘사한 시가 많이 나타나는 편이다. 경치를 묘사한 백석의 시 중에는 「비」, 「흰 밤」, 「初冬日」, 「靑柿」, 「山비」, 「노루」,

---

정효구, 「백석의 삶과 문학」, 정효구 편저, 『백석』, 문학세계사, 1996.
오세영, 「떠돌이와 고향의 의미」, 『한국현대시인연구』, 월인, 2003.
7) 백석 시에 나타난 '토속성과 모더니티'에 대해서는 아래의 글을 참조할 것.
김용직, 「토속성과 모더니티」, 『한국현대시사 2』, 한국문연, 1996.

「彰義門外」 등과 같이 자연을 다룬 작품들이 있다. 한편 경치를 묘사한 시이지만 「定州城」, 「모닥불」, 「曠原」, 「昌原道」, 「三千浦」, 「黃日」, 「咸南道安」 등과 같이 자연 가운데 인간이 포함된 작품들도 있다. 아래의 시는 인간이 포함된 자연을 묘사하고 있는 시의 하나라 할 수 있다.

　　새끼오리도 헌신짝도 소똥도 갓신창도 개니빠디도 너울쪽도 짚검불도 가락잎도 머리카락도 헌겊조각도 막대고치도 기왓장도 닭의짗도 개터럭도 타는 모닥불

　　재당도 초시도 門長늙은이도 더부살이 아이도 새사위도 갓사둔도 나그네도 주인도 할아버지도 손자도 붓장사도 땜쟁이도 큰개도 강아지도 모두 모닥불을 쪼인다

　　모닥불은 어려서 우리 할아버지가 어미아비 없는 서러운 아이로 불상하니도 몽둥발이가 된 슬픈 역사가 있다

　　　　　　　　　　　　　　　　　　　　　　　　　　　　－「모닥불」 전문

　위의 작품에는 토속적인 풍경이 잘 나타나고 있다. 이 토속적 풍경 속의 사물들은 모두 사이좋게 어울려 있다. 서로가 서로를 방해하지 않고 아름다운 관계를 형성하고 있다. 초월적 주체, 중심이 없이 모든 사물들이 민주적이면서 수평적인 관계를 유지하고 있다. 새끼오리도 헌신짝도 소똥도 기왓장도 닭의 깃털도 개의 털도 모두 사이좋게 어울려서 모닥불 속에서 활활 타고 있다. 이 모닥불은 모든 사물들이 사이좋게 수평적인 관계를 형성하며 살아갈 수 있는 공동체를 밝혀주고 그 공동체에 에너지를 공급해주는 존재이다. 이상적인 공동체를 유지하는데 필요한 에너지는 어느 특정 사물이 아니라 그 공동체를 구성하고 있는 모든 사물들로부터 온다는 사상이 저변에 깔려있다고 볼 수 있다. 그 모닥불을 쬐고 있는, 다시 말해 그 모닥불로부터 혜택을 받고 있

는 존재들도 모두 수평적인 관계를 형성하고 있다. 재당도 초시도 붓장사도 땜쟁이도 큰 개도 강아지도 모두 모닥불 앞에서 평등하다. 사람과 사람 사이에도 우열이 없을 뿐만 아니라 사람과 동물 사이에도 차별이 없다. 이것은 시적 화자가 유토피아적인 비전을 가지고 사물들을 바라보기 때문이다. 이 작품에 나타난 이러한 유토피아적 풍경은 어린이 화자의 시선에 포착된 것이다.

　백석의 시집 『사슴』에 실려 있는 초기시들 중에는 어린이 화자가 시각 주체로 나타나는 경우가 많은데, 그 작품들 속의 풍경은 대개가 동화적이고도 유토피아적인 것들이다.[8] 유토피아적인 비전을 제시할 때 어린아이의 시선을 빌려오는 게 가장 자연스럽기 때문으로 보인다. 그 어린이 화자의 시선에 포착된 풍경은 이미 사라졌거나 사라지고 있는 사물들로 구성되어 있다. 시적 화자는 이미 사라졌거나 사라질 운명에 처해있는 사물들을 새롭게 구성하여 이상적인 풍경을 만들어내고 있는 것이다. 이 토속적이고 이상적인 풍경을 통해 반근대적인 비전을 제시하고 있는 것이다.

　　　山턱 원두막은 뷔었나 불빛이 외롭다
　　　헌겊심지에 아즈까리 기름의 쪼는 소리가 들리는듯하다

　　　잠자리 조을든 문허진 城터
　　　반딧불이 난다 파란 魂들 같다
　　　어데서 말 있는 듯이 크다란 山새 한 마리 어두운 골짜기로 난다

　　　헐리다 만 城門이

---

8) 송기한, 「백석 시의 고향 공간화 양식 연구」, 『한국현대시사탐구』, 다운샘, 2005, pp.86~92.
　　금동철, 「훼손된 민족 공동체와 그 회복의 꿈」, 조창환 외 13명 공저, 『한국현대시인론』, 한국문화사, 2005, pp.249~250.

한울빛같이 훤하다
날이 밝으면 또 메기수염의 늙은이가 청배를 팔러 올 것이다
—「定州城」 전문

　위의 작품에는 공동체를 지켜주는 상징적 사물로서의 성이 훼파된
모습으로 나타나고 있다. 성이 파괴되었다는 것은 한 국가의 몰락을
의미할 뿐만 아니라, 그 성으로 보호되던 토속적이고 전통적인 삶의
해체를 의미하기도 한다. 근대화의 와중에 파괴되고 해체되어 가는 토
속적이고 전통적인 삶을 바라보는 시적 화자의 시선에 포착된 풍경은
쓸쓸하고도 외로운 것이다. 산턱 원두막이 휑하니 비어있다는 데서 그
리고 헝겊심지에 아주까리기름의 쪼는 소리가 들리는 듯하다는 데서
외롭고 쓸쓸한 풍경을 볼 수 있다. 그 외롭고 쓸쓸한 풍경은 잠자리
졸던 무너진 성터에서, 파란 혼처럼 나는 반딧불이의 모습에서 더욱
강조된다. 그리고 헐리다 만 성문이 하늘빛같이 환하다는 데서, 생명력
이 피폐해진 메기수염의 늙은이가 청배를 팔러 올 것이라는 데서 그
외롭고 쓸쓸한 풍경은 절정에 이른다.
　이처럼 전통적인 삶이 파괴되고 해체된 풍경은 어린이가 아닌 어른
화자의 시선에 포착된 것이다. 이 시는 1935년에 발표된 등단작품으로
백석이 조선일보사에서 근무할 때 씌어진 것이다. 유년기 시절에 경험
했던 선험적 고향으로부터 추방당한 어른 화자의 시선으로 바라본 풍
경인 것이다. 파괴되기 이전의 선험적 고향, 동일성의 세계로 결코 돌
아갈 수 없다는 현실적인 인식이 허무적인 무드와 함께 작품 밑바닥에
짙게 깔려있다. 어린이 화자가 동심적 세계관으로 잃어버린 유토피아
를 심미적으로 회복하는 기능을 맡고 있다면, 어른 화자는 파괴되고
황폐해진 현실을 어쩔 수 없이 수용하고 바라보는 역할을 떠맡고 있다
고 해야 할 것이다. 실제 시집『사슴』에 나타나는 어른 화자들은 대부
분 해체된 삶을 운명적으로 받아들이는 미학적 자세를 보이고 있다.

졸래졸래 도야지새끼들이 간다
귀밑이 재릿재릿하니 볕이 담복 따사로운 거리다

잿더미에 까치 오르고 아이 오르고 아지랑이 오르고

해바라기 하기 좋은 볏곡간 마당에
볏짚같이 누우란 사람들이 몰려서서
어늬 눈오신 날 눈을 츠고 생긴 듯한 말다툼소리도 누우라니

소는 기르매 지고 조은다

아 모도들 따사로히 가난하니

—「삼천포」 전문

　위의 작품은 시집 『사슴』 직후에 씌어진 여행시로서 南行詩抄 연작의
하나이다. 남행시초 연작에는 시적 화자가 찾아다니는 이상적인 세계
가 잘 나타난다. 남행시초 연작에 나타나는 시각주체는 어른이다. 남행
시초 연작에 나타난 나그네인 어른 화자의 시선에 포착된 풍경들은 대
체로 유토피아적이다. 이는 시집 『사슴』에 나타나는 어른 화자의 시선
에 포착된 풍경과는 다른 모습이다.
　이 작품의 풍경 속 사물들은 병렬구조를 취하고 있다. 졸래졸래 돼지
새끼들이 간다는 것, 잿더미에 까치와 아이들이 오른다는 것, 볏곡간
마당에서 사람들이 말다툼 한다는 것, 소가 길마를 지고 존다는 것 등
몇 개의 사물들이 각자 부분적인 독자성을 띠면서도 내적으로는 긴밀
히 연속되어 있음을 볼 수 있다. 여기에는 해체주의계열의 모더니즘
작품 속에 나타나는 환유적인 파편성과 우연성이 보이지 않는다. 근대
서구적인 작품 속에 나타나는 은유적 총체성과 필연성도 보이지 않는
다. 위의 작품에 보이는 사물들은 병치되어 있으면서도 파편적으로 완

전히 분리되어 있지 않고 서로서로 사이좋게 유기적으로 어울려 있다. 이것은 제유적인 수사학으로 설명되는 전통적인 세계인식 방법이다. 이 제유적인 세계인식 방법은 동양에서의 유토피아 의식과 관련되어 있다. 모든 사물들이 서로서로 부분적으로 독자성을 이루며 공존하는 것을 이상으로 삼고 있다. 여기에서의 유토피아란 서구에서 말하는 화려한 유토피아가 아니다. 대신 지극히 일상적인 것이다. 일상적인 삶이 제유적으로 진행되면 그 자체가 유토피아적이란 것이다. 전근대시대 하나의 이상적인 사유방식이던 제유적 세계관이 시대적 요청에 따라 근대적인 감각으로 수용된 것으로 볼 수 있다.

선험적 고향으로부터 추방된 어른 화자인 나그네는 타향을 여행하면서 이상적인 삶을 찾아다닌다. 나그네인 어른 화자의 눈에 비친 이상적인 풍경은 실제 있는 그대로가 아닐 것이다. 유년시절에 경험했던 선험적 고향의 풍경이 화자가 발견한 여행지에서의 현실적 일상적 사물들의 모습에 투사된 것으로 보인다.

> 무이밭에 흰나비 나는 집 밤나무 머루넝쿨 속에 키질하는 소리만이 들린다
> 우물가에 까치가 자꼬 즞거니 하면
> 붉은 수탉이 높이 샛더미 우로 올랐다
> 텃밭가 在來種의 林檎낡에는 이제도 콩알만한 푸른 알이 달렸고 히스무레한꽃도 하나둘 퓌여 있다
> 돌담 기슭에 오지항아리 독이 빛난다
>
> ―「彰義門外」 전문

자연을 묘사한 시의 하나이다. 이 작품 속에 있는 사물들도 병치되어 있다. 병치되어 있으면서도 파편적이지 않다. 전체적으로 유기적으로 조화와 질서를 이루고 있는 풍경화처럼 보인다. 사물들은 서로가 서로에게 간섭하지 않고 자기주장을 고집하지도 않는다. 이 그림 속에는

중심이 되는 주체가 없다. 주체중심적인 서양의 풍경화와는 매우 다른 모습을 보여준다. 중심이 없으니 원근법이 보이지 않는다. 원근법은 주체중심, 이성중심의 산물이다.

풍경 속의 사물들을 바라보는 화자 또한 풍경의 일부로 존재한다. 즉 자연의 일부로 존재한다. 시각 주체인 화자는 사물들과 대등한 수평관계를 형성하고 있다. 화자 또한 자연의 하나가 되어 사물의 관점에서 사물을 관찰하고 있다. 자신의 견해를 억지로 펴지 않는다. 이는 소강절이 말하는 이물관물의 관점이다.[9] 이것이 백석의 시에 나오는 화자가 취하는 시선이다.

3. 풍속 또는 풍물을 묘사한 시에 나타난 풍경

지금까지 경치를 묘사한 백석의 시에서 주로 토속적인 것들이 미학적으로 추구되고 있음을 살펴보았다. 이는 백석이 자아를 확인하고 추구하는 방법으로 볼 수 있다. 파시스트적인 속도로 근대적인 해체화가 가속되고 있던 시절 백석에게 있어서 토속적이고 전통적인 것들은 자기정체성을 확인해주고 유지시켜 줄 수 있는 근원으로 존재하는 것이었다. 백석에게 자아정체성을 유지해주는 또 하나의 근원으로 풍속 내지 풍물을 들 수 있다. 풍속이란 오랜 옛날부터 한 공동체에서 전해내려오는, 생활 전반에 걸친 습관 따위를 일컫는 말이다. 풍물은 한 공동체 특유의 구경거리나 산물을 일컫는 개념이다. 이 풍속과 풍물은 한 공동체를 결속시켜 주는 역할을 한다는 데 의미가 있다. 백석의 시 가운데는 이러한 풍속과 풍물이 유난히도 많이 나타난다.

---

9) 以物觀物의 미학에 대해서는 다음의 논문을 참조하기 바람.
　　박석, 「宋代 理學家 文學觀 硏究」, 서울대학교 대학원 박사학위논문, 1992.

명절날 나는 엄매아배 따라 우리집 개는 나를 따라 진할머니 진할아버
지가 있는 큰집으로 가면 (중략)
　　이 그득히들 할머니 할아버지가 있는 안간에들 모여서 방안에서는 새
옷의 내음새가 나고
　　또 인절미 송구떡 콩가루차떡의 내음새도 나고 끼때의 두부와 콩나물
과 뽊은 잔디와 고사리와 도야지비계는 모두 선득선득하니 찬 것들이다
　　저녁술을 놓은 아이들은 외양간섶 밭마당에 달린 배나무동산에서 쥐잡
이를 하고 숨굴막질을 하고 꼬리잡이를 하고 가마 타고 시집가는 놀음 말
타고 장가가는 놀음을 하고 이렇게 밤이 어둡도록 북적하니 논다
　　밤이 깊어가는 집안엔 엄매는 엄매들끼리 아르간에서들 웃고 이야기하
고 아이들은 아이들끼리 웃간 한 방을 잡고 조아질하고 쌈방이 굴리고 바
리깨돌림하고 호박떼기하고 제비손이구손이하고 이렇게 화디의 사기방
등에 심지를 멫번이나 돋구고 홍게닭이 멫번이나 울어서 졸음이 오면 아
룻목싸움 자리싸움을 하며 히득거리다 잠이 든다
　　　　　　　　　　　　　　　　　　　　　　　　　－「여우난골族」 부분

　　이 시는 전체적으로 '묘사적 서술시'[10]이지만 부분적으로 풍속과 풍
물을 묘사하고 있는 풍경이 많이 나타난다. 명절날 한 가족 공동체를
묶어주는 풍속과 풍물이 선명하게 그림처럼 묘사되어 있는 작품이다.
이 작품에서 풍속은 주로 놀이와 관련되어 있다. 여기에서 묘사되고
있는 쥐잡이 놀이, 숨바꼭질 놀이, 꼬리잡이 놀이, 시집가고 장가가는
놀이, 조아질 놀이(공기놀이), 쌈방이(평북 지방의 토속적인 풍물) 굴리
기, 바리깨(주발 뚜껑) 돌리기, 호박떼기 놀이, 제비손이구손이 놀이 등
은 주로 어린이와 관계가 깊다. 어린 시절 이런 놀이를 함으로써 가족
공동체 내지 지역 공동체, 더 나아가 민족공동체의 일원으로서의 자기
정체성을 확보할 수 있는 것이다. 그만큼 어린 시절의 놀이문화는 중요

10) 정효구는 이런 작품들이 주로 '묘사적인 이야기나 사건'으로 구성되어 있다고
　　지적하고 있다.
　　정효구, 앞의 책, p.206.

한 것이다.

　한편 백석은 음식으로 대표되는 풍물에도 강한 집착을 보인다. 음식 또한 가족 공동체나 지역 공동체, 더 나아가 민족공동체를 결속시켜주는 역할을 한다. 일상적인 음식도 그러한 역할을 하지만, 이 시에서 묘사되고 있는 송기떡, 콩가루 차떡, 콩나물, 볶은 잔대, 고사리, 도야지 비계와 같은 명절 음식이 더욱 더 그러한 역할을 한다. 그리고 어른 화자보다 어린이 화자의 시선에 포착된 명절 음식이 특히 그러한 기능을 잘 수행한다.

　어린이 화자의 시선에 붙잡힌 위의 풍경 역시 유토피아적이다. 모든 사물들이 서로 사이좋게 어울려서 조화와 질서를 이루며 살아가는 일상적인 모습의 풍경이다. 이런 원체험 때문에 어린이 화자가 나타나는 작품들이 대체로 유토피아지향성을 노정하게 된 것이라 볼 수 있다. 그런데 위의 작품 속에 등장하는 놀이와 음식 문화, 곧 풍속과 풍물은 근대화의 바람 앞에 모두 날려가 버릴 것들이다. 이미 사라졌거나 사라질 운명에 처한 것들이다. 백석은 이렇게 담담하게 풍경을 묘사하는 시를 통해 이미 사라졌거나 사라질 운명에 처한 풍속과 풍물을 복원함으로써 공동체를 해체시키는 근대의 무차별적인 힘에 대해 심미적으로 저항하고자 하였다고 볼 수 있다.

　　달빛도 거지도 도적개도 모다 즐겁다
　　풍구재도 얼럭소도 쇠드랑볕도 모다 즐겁다

　　도적팽이 새끼락이 나고
　　살진 쪽제비 트는 기지개 길고

　　홰냥닭은 알을 낳고 소리치고
　　강아지는 겨를 먹고 오줌 싸고(중략)

대들보 우에 베틀도 채일도 토리개도 모도들 편안하니
구석구석 후치도 보십도 소시랑도 모도들 편안하니

ー「연자간」 부분

이 시의 화자는 연자방앗간의 행복한 풍경을 포착하고 있다. 순간적으로 포착된 이 행복한 풍경 속의 사물들은 모두 다 즐겁다. 모두 다 제 자리를 지키며 분수를 지키며 놓여 있을 곳에 놓여 있다. 제 자리에 놓여 있으면서 자신이 품수한 생명적인 이치를 최대한 발휘하고 있다. 사물들이 생명적인 이치를 최대한으로 구현한다는 것은 서로 조화를 이루면서 생명적으로 감응운동을 하고 있다는 뜻이다. 이 연자방앗간의 풍경 속에 들어있는 사물들은 제유적 관계를 이루고 있다. 각자 부분적인 독자성을 이루면서도 내적으로 서로서로 긴밀히 연속되어 있다. 동양적으로 볼 때 이 제유적 관계는 이상적인 것이다. 일상적인 유토피아가 실현되고 있는 형국이다.

이 풍경 속의 사물들 중에는 달빛, 쇠드랑볕 같은 자연물도 있고, 거지 신분의 사람도 있고, 도적개, 얼룩소, 도적괭이, 족제비, 홰냥닭, 강아지, 도야지, 송아지, 까치, 말, 당나귀 같은 동물도 있고, 풍구재, 베틀, 차일, 토리개, 후치, 보십 같은 풍물도 있다. 그런데 이 모든 사물들이 연자방앗간이라는 보다 큰 풍물 속에 들어있다는 점에서 볼 때 이 시는 풍물을 묘사한 시라 할 수 있다.

이 연자방앗간 풍경 속의 모든 사물들도 조화와 질서를 이루며 유기적인 관계를 형성하고 있다. 이것은 시적 화자에 의해 미학적으로 복원된 고향의 모습이다. 시적 화자로서의 시각 주체의 눈에 선택되고 구성된 풍경인 것이다. 그리고 시각주체는 풍경 속의 사물들과 대등한 수평적 관계를 형성하고 있다. 원근법이 작용하지 않는 위의 풍경에는 주체중심적인 시각이 없다. 이것이 바로 풍경을 통해 백석이 지향하는 시의 이념이자 의미이다. 이것은 자아추구의 한 형태이자 심미적인 자아실현의 한 방법이다.

> 固城장 가는 길
> 해는 둥둥 높고
> 개 하나 얼린하지 않는 마을은
> 해밝은 마당귀에 맷방석 하나
> 빨갛고 노랗고
> 눈이 시울은 곱기도 한 건반밥
> 아 진달래 개나리가 한 참 뛰였구나

—「固城街道」 부분

　이 여행시에는 풍물이 묘사되어 있다. 이 시의 시적 화자의 눈에 비친 풍경 역시 매우 이상적인 것이다. 잔치를 준비하는 마을은 당홍치마 노란저고리를 입은 새악시들이 웃고 살 것만 같다. 잔치 때 쓰려고 준비하는 건반밥이 맷방석에 널려있는데, 그 노랗고 붉은 모습이 활짝 핀 진달래, 개나리로 비유되고 있다.[11] 잔치 때 건반밥을 마련하는 것은 하나의 풍속이다. 그리고 진달래 같고 개나리 같은 건반밥은 풍물의 일종이다. 그리고 잔치 때 입는 당홍치마와 노란저고리 역시 풍물의 일종이다. 이런 풍속과 풍물이 묘사된 풍경은 유토피아적이다. 이때의 유토피아 역시 일상적인 것이다.

　여행지에서 만난 이 마을이 유토피아적인 것으로 보이는 것은 당연히 그 마을의 풍속과 풍물 때문이다. 풍속과 풍물은 공동체를 결속시켜주고 유지시켜주는 매개체이다. 백석에게 있어서 풍속과 풍물을 다루는 시들은 대체로 유토피아적인 풍경을 동반하고 있다. 비극적인 풍경이 거의 보이지 않는다. 원래 풍속과 풍물 속에는 긍정적이고 행복한 풍경을 만들어 내는 힘이 들어있다. 그리고 백석에게 있어서 풍속과

---

11) 이숭원, 『백석 시의 심층적 탐구』, 태학사, 2006, p.37.

풍물은 화자의 종류와 관계없이 유토피아적인 풍경을 구성해내는 역할
을 한다.

> 닭이 두 홰나 울었는데
> 안방 큰방은 홰즛하니 당등을 하고
> 인간들은 모두 웅성웅성 깨어 있어서들
> 오가리며 석박디를 썰고
> 생강에 파에 청각에 마눌을 다지고
>
> 시래기 삶는 훈훈한 방안에는
> 양념 내음새가 싱싱도 하다
>
> 밖에는 어데서 물새가 우는데
> 토방에선 햇콩두부가 고요히 숨이 들어갔다
>
> ─「秋夜一景」전문

위의 작품에서도 풍물이 잘 묘사되어 있다. 오가리, 석박디, 생강,
파, 마눌, 시래기, 두부 등과 같은 풍물들을 둘러싸고 모든 사물과 인간
들이 제유적 관계를 형성하고 있다. 이 시는 세 개의 연으로 구성되어
있는데, 그 세 개의 연들이 병렬적 구조를 취하고 있다. 병렬되어 있으
면서도 파편화되어 있지 않고 전체적으로 유기적 구조를 형성하고 있
다. 모든 사물들이 각자 지닌 생명적 본성을 최대한 발휘하며 조화와
질서를 이루고 있다. 모든 사물들이 조화와 질서를 이루고 있는 이 작
품은 토속적 풍경을 띠고 있다. 그런데 이 토속적 풍경이 세련된 근대
적 감각으로 나타나는 데 문제성이 있다.
이 작품이 세련된 근대적 감각을 띠게 되는 것은 기법 때문이다. 주
관적인 감정을 최대한 배제하고 절제된 이미지로 담담하게 그려내는
기법 때문에 세련된 감각을 얻게 된 것이다. 이 세련된 감각은 이미지

즘 기법에서 유래된 것이다. 이미지즘 기법은 사물들을 병렬적으로 묘사하는 데서 시작된다. 이미지를 나열하되 파편적이거나 해체적이지 않고 전체적으로 새로운 통합을 모색하는 데로 나아가는 것이 이미지즘의 특징이다.[12]

백석의 많은 작품들에 이미지즘 기법이 쉽게 수용될 수 있었던 것은 그가 지닌 제유적 세계관 때문으로 보인다. 사물들이 부분적인 독자성을 띠면서도 전체적으로 유기적으로 연결되어 있는 제유적 세계관은 병렬적 구조를 취하고 있는 사물들 사이에 새로운 통합을 꿈꾸는 이미지즘의 세계관과 유사하기 때문으로 보인다.

4. 인간행위를 묘사한 시에 나타난 풍경

백석의 시 중에는 흔히 '서술시'라고 불리는 작품들이 많이 있다. 백석의 초기 서술시는 주로 '묘사적인 이야기나 사건'으로 구성되어 있다.[13] 그런데 그 속에는 제대로 된 서술구조나 서사구조가 발견되지 않는다. 이야기적 요소는 많이 들어있지만, 그 이야기적 요소가 플롯을

---

12) T. E. Hulme이 말하는 불연속성 이론도 알고 보면 가톨릭적 질서 안에서 구축된 개념이다. 그리고 「황무지」와 같은 작품들을 통해서 T. S. Eliot는 부분적으로 이미지의 불연속성을 보여주지만 전체적으로 기독교적 토대 위에서 새로운 통합을 모색하고 있음을 보여주고 있다. T. S. Eliot에 대해서는 다음의 글을 참고하였음.
T. S. Eliot(이창배 역). 「엘리어트의 시세계」, 『T. S. 엘리어트』, 탐구당, 1989, pp.18~19.
오세영에 따르면, 영미 모더니스트들은 고전주의적 특성을 지니고 있어서 이성을 존중하고 이성적 세계관을 지향한다. 그들은 이 세계를 구조체로 바라볼 뿐만 아니라, 이 세계를 의미 있는 것으로 인식한다. 그리고 시창작의 목적을 이 세계의 의미를 탐구하거나 창조하는 데 둔다.
오세영, 「모더니즘, 포스트모더니즘, 아방가르드」, 『한국 근대문학론과 근대시』, 민음사, 1997, p.370.
13) 정효구, 앞의 책, p.206.

형성하고 있지는 않다. 그 이야기는 시간적 계기에 따른 사건의 진전을 보여주지 않고 단순한 상황제시만으로 끝나고 있다. 사건의 연속성이 없는 행위는 시간적으로나 공간적으로나 제한된 상황 속의 '정지된 행위'에 지나지 않는다. 이렇게 인간행위가 시간에 따라 진전되지 못하고 단순히 한 상황 또는 한 장면을 제시하는 것으로 국한될 때 그것을 형상화하는 방법은 서술이라기보다 묘사에 더 가깝다. 사실 백석의 초기 서술시는 한결같이 묘사로 형상화되어 있다.[14] 정지된 하나의 상황 또는 장면을 묘사하면 풍경이 된다. 이 장에서는 인간행위를 묘사한 백석 시의 풍경을 알아보고자 한다.

> 짝새가 발뿌리에서 닐은 논드렁에서 아이들은 개구리의 뒷다리를 구어 먹었다
>
> 게구멍을 쑤시다 물쿤하고 배암을 잡은 늪의 피 같은 물이끼에 햇볕이 따그웠다
>
> 돌다리에 앉어 날버들치를 먹고 몸을 말리는 아이들은 물총새가 되었다
> ―「夏畓」 전문

여름날 논둑에 앉아서 노는 아이들의 모습이 동화적으로 묘사되어 있다. 이 동화적인 풍경은 어린이 화자의 시선에 포착된 것이다. 이 풍경 속의 아이들은 자연의 일부로 존재하며 자연과 하나가 되어 있다. 아이들의 행위가 정지된 듯한 자연 속에서 하나의 정지된 듯한 장면으로 나타나고 있다. 즉 사건의 진전이 없다. 이는 사건들이 단편적인 것들로 끝나고, 사건들 사이에 계기적인 연속성이 없기 때문이다. 그리고 사건들 사이에 계기적 연속성이 없는 것은 사건들이 부분적 독자성

---

14) 오세영, 『한국현대시인연구』, pp.395~402.

을 지니고 병치되어 있기 때문이다.

위의 풍경에는 세 가지 사건이 나타난다. 논두렁에서 아이들이 개구리 뒷다리를 구워먹었다는 것, 아이들이 게구멍을 쑤시다 뱀을 잡았다는 것, 아이들이 돌다리에 앉아 날버들치를 먹고 몸을 말리다가 물총새가 되었다는 것 등이다. 이 세 가지의 이야기는 세 가지의 이미지로 묘사되어 있다. 이 세 가지의 이미지는 제유적 구조를 이루고 있다. 즉, 세 가지 이미지가 부분적 독자성을 띠면서 전체적으로 내적으로 긴밀하게 연속되어 있다.

그런데 이 인간의 행위는 거대한 자연 속에서 자연현상의 일부처럼 나타난다. 그렇게 묘사되어 있다. 이러한 자연과 자연 속의 인간 행위를 바라보는 시적 화자, 곧 시각주체도 자연의 일부로 존재한다. 자연의 일부로 존재하며 사물들을 관찰하고 있다. 여기서도 以物觀物의 정신이 나타나고 있다. 시각 주체가 대상인 인간과 자연을 자신과 평등하게 수평적으로 바라보는 이 이물관물이라는 전통적인 관찰 방식은 근대 주체중심주의의 산물인 서구적 풍경화에서의 관찰 방식과 사뭇 다르다. 이 이물관물이라는 관찰방식도 전근대적인 사유체계에 속하는 것이지만, 여기서는 시대적인 요청에 따라 근대적인 감각으로 나타난 것으로 볼 수 있다.

주홍칠이 날은 旌門이 하나 마을 어구에 있었다
'孝子盧迪之之旌門'– 몬지가 겹겹이 앉은 木刻의 額에
나는 열 살이 넘도록 갈지字 둘을 웃었다

아카시아꽃의 향기가 가득하니 꿀벌이 많이 날어드는 아츰
구신은 없고 부헝이가 담벽을 띠쫗고 죽었다

기왓골에 배암이 푸르스럼히 빛난 달밤이 있었다
아이들은 쪽재피같이 먼길을 돌았다

旌門집 가난이는 열다섯에
늙은 말꾼한테 시집을 갔겠다

— 「旌門村」 전문

위의 작품도 앞에서 살펴본 「정주성」처럼 황폐한 풍경으로 되어있
다. 그 파괴된 고향을 회상하는 시각 주체는 어른 화자로 보인다. 어른
화자인 시각 주체는 지금 고향에 있지 않고 타관에서 그 해체된 고향을
회상하면서 풍경을 구상하고 있는 것으로 보인다.

앞의 「정주성」이 지역공동체 내지 민족공동체의 몰락한 풍경을 묘
사하고 있다면, 이 「정문촌」은 한 가족의 몰락한 풍경을 다루고 있다.
그리고 한 가족의 몰락한 풍경을 통해 전근대적 가치체계, 곧 조선적
가치체계의 몰락을 이야기하고 있다. 이 당시 조선적 가치체계의 몰락
은 민족사적으로 보편성을 띠고 있었다.[15] 근대화의 물결 앞에서 맥없
이 붕괴되어가는 전통적인 것들, 곧 사라지는 것들에 대한 애련한 집착
이 이 시의 추동력이라 볼 수 있다. 어른 화자의 시선에 붙잡힌 고향
풍경은 대개가 근대의 파고 앞에서 불가항력적으로 무너지는 것들이
다. 그것은 선험적 고향의 상실로 나아가 백석으로 하여금 허무주의적
인 무드에 빠지게 만든다.

統營장 낫대들었다

갓 한닢 쓰고 건시 한접 사고 홍공단단기 한감 끊고 술 한병 받어들고

화륜선 만저보려 선창에 갔다

오다 가수내 들어가는 주막 앞에서
문둥이 품바타령 듣다가

---

15) 최두석, 「백석의 시세계와 창작방법」, 고형진 편, 『백석』, 새미, 1996, p.141.

열이레 달이 올라서 듣다가
나룻배 타고 판데목 지나간다 간다

―「統營 ―남행시초 2 」 전문

위의 시에는 풍물이 많이 보인다. 갓, 건시, 홍공단단기, 술, 화륜선, 주막, 문둥이 품바타령, 나룻배 등이 나타난다. 그럼에도 불구하고 전체적으로는 인간행위가 주를 이룬다. 인간 행위의 틀 안에 풍물들이 자리하고 있는 것이다. 그 인간 행위는 여행과 관련되어 있다. 그런데 그 인간 행위들이 단편적인 상황제시로 끝나고 있는 느낌을 준다. 따라서 이 시도 인간행위를 묘사한 시로 해석해도 무방하리라 본다.

이 시에서 행위의 주체는 일인칭 화자 자신이다. 화자 자신도 풍경의 일부를 이루고 있다. 자기 자신에 대해 이야기하면서도 이렇게 담담할 수 있는 것은 이 작품이 묘사라는 형상화 방법을 취하고 있기 때문이다.

여행을 하고 있는 시각 주체, 곧 화자는 어른이다. 앞의 시 「정문촌」에서 본 것처럼 영원한 고향, 곧 선험적 고향으로부터 추방당한 어른 화자는 여행을 하면서 잃어버린 고향을 찾아다닌다. 여행하는 어른 화자의 눈에 비친 풍경은 일상적이면서도 유토피아적인 것이다. 앞에서도 살펴보았듯이, 백석에게 있어서 유토피아는 일상적인 것이다. 일상적 삶이 무리 없이 전개되면 그것이 바로 유토피아라는 사상이 깔려있는 것이다. 이 이상적인 풍경은 실재하는 것이라기보다 시각주체의 눈에 보이는 것이라고 해야 좋을 것이다. 원래가 풍경은 있는 그대로가 아니라 '보이는 대로' 존재하기 때문이다. 이상적인 풍경을 찾아 떠돈다는 것은 자기가 추구하는 것이 따로 있다는 말이다. 나그네인 시적 화자가 추구하는 것은 잃어버린 선험적 고향을 회복하는 것이다. 나그네인 시각 주체는 자신이 추구하는 선험적 고향의 모습을 여행지에서 마주친 사물에다 투사하는 것이다. 이 시의 풍경은 그렇게 구성되는 것이다. 그렇게 구성된 풍경을 통해 시적 화자는 자신을 새롭게 발견하게 된다.

갈부던 같은 藥水터 山거리엔   나무그릇과 다래나무지팽이가 많다

山너머 十五里서 나무뒝치 차고 싸리신 신고 山비에 촉촉이 젖어서 藥
물을 받으려 오는 두멧 아이들도 있다

아랫마을에서는 애기무당이 작두를 타며 굿을 하는 때가 많다
—「三防」 전문

이 작품은 인간행위를 묘사하되 단순한 상황제시로 끝내고 있다. 대
상을 묘사하고 있는 시인만큼 이미지로 형상화되어 있다. 위의 시는
세 개의 이미지로 구성되어 있다. 갈부전 같은 약수터 산거리엔 나무그
릇과 다래나무 지팡이가 많다는 첫 번째 이미지, 싸리신 신고 약물 받
으려 오는 두멧 아이들이 있다는 두 번째 이미지, 애기무당이 작두를
타며 굿을 한다는 세 번째 이미지가 그것이다. 이 세 가지 이미지는
병치되어 있다. 병치되어 있으면서도 파편적이지 않다. 그 세 이미지는
부분적으로 독자성을 띠면서도 전체적으로는 긴밀히 연결되어 있다.
이것은 이미지즘의 기법과 유사하다.

토속적인 풍경을 묘사하는 데 그 묘사방법은 세련되고 근대적인 것
이다. 백석이 이 작품에서 세련되고 근대적인 이미지즘 기법을 쉽게
수용할 수 있었던 것은 그가 지니고 있던 제유적 세계관 때문으로
보인다.

1930년대 후반에 한국문단에는 반근대적인 움직임이 활발했다. 근
대에 의해 파괴되고 훼손되어 가는 것들, 이미 사라졌거나 사라지고
있는 전통적이고 토속적인 가치들을 지키고자하는 미학적인 욕망이 강
했다. 토속적인 정서와 이미지즘 기법의 결합 위에 형성된 이 새로운
풍경들은 당대 지식인이 자신을 비쳐볼 수 있는 거울이다. 이것이 백석
초기시가 지닌 문학사적 의미이다.

5. 꼬리말

본고에서는 백석의 시에 나타난 풍경을 살펴보았다. 그의 시에 나타 난 풍경을 세 가지로 나누어 보았다. 경치를 묘사한 시에 나타난 풍경, 풍속 또는 풍물을 묘사한 시에 나타난 풍경, 인간행위를 묘사한 시에 나타난 풍경 등이 그것들이다. 먼저 경치를 묘사한 시는 자연을 묘사한 것과 인간이 포함된 자연을 묘사한 것 두 가지로 나누어진다.

경치를 묘사한 시 중에는 어린이 화자를 시각 주체로 한 경우가 많 다. 이때 풍경은 토속적인 것이다. 토속적인 풍경 속의 사물들은 서로 사이좋게 어울려 있다. 어린이 화자의 눈에 포착된 풍경은 대체로 동화 적이면서도 유토피아적이다. 경치를 묘사한 시 중에는 선험적 고향이 붕괴된 황폐한 풍경이 나타나는 경우도 있다. 이런 풍경은 대개 어른 화자의 눈에 포착된 것들이다. 그리고 경치를 묘사한 시 중에는 남행시 초 연작과 같이 여행 중에 쓰여진 것들도 있다. 남행시초 연작과 같은 여행시에는 어른 화자가 나타남에도 불구하고 행복한 유토피아적 풍경 이 보인다.

풍속 또는 풍물을 묘사한 시는, 화자의 종류와 관계없이, 대체로 행 복한 풍경들을 보여준다. 풍속이나 풍물은 원래가 공동체의 통합을 위 해 동원되는 것들이라 행복하고 생명력 넘치는 풍경으로 나타나는 경 우가 많다. 백석의 시 속에 나타나는 풍속은 주로 놀이와 관련되고 풍 물은 음식이나 농기구 등과 연결된다. 이러한 풍속이나 풍물들은 근대 화의 물결 앞에서 이미 사라졌거나 사라질 것들이다. 백석은 이미 사라 졌거나 사라질 운명에 처한 풍속이나 풍물을 묘사함으로써 공동체를 해체시키는 근대의 무차별적인 힘에 대해 심미적으로 저항하고 있다고 보아야 할 것이다. 풍속이나 풍물을 묘사하고 있는 백석의 시 속의 사 물들은 제유적 관계, 즉 유기적 구조를 이루고 있다. 서로서로 사이좋 게 어울려 공존하고 있다. 사물과 사물 사이에서만 그렇지 않고 그 사물들을 바라보는 인간과의 관계에서도 그러하다.

인간행위를 묘사한 시의 경우, 경치를 묘사한 시와 같이 어린이 화자의 시선에 포착된 풍경은 대체로 행복하고 생명력이 넘치는 사물들로 가득 차 있다. 여기에서도 사물들은 제유적 관계를 형성하고 있다. 그리고 그 사물들과 그 사물들을 마주하고 있는 시적 화자인 사람과의 관계도 제유적이다. 시각 주체인 시적 화자는 사물들과 대등한 수평적 관계를 맺고 있다. 시적 주체 자신이 중심적 위치에 처해 있지 않아서 원근법이 생성되지 않는다. 화자는 주체중심적으로 사물을 바라보지 않고 사물의 입장이 되어 사물을 바라본다. 인간행위를 묘사한 시 중에는 어른 화자가 나타난 경우도 있는데, 이때의 풍경은 주로 황폐한 것들이다. 어른 화자의 시선에 포착된 풍경은 옛것들의 붕괴와 관련이 깊다. 시적 화자가 소중히 여기는 옛것들의 파괴 앞에서 속수무책으로 바라보고만 있는 것이 어른 화자이다. 인간행위를 묘사한 시 중에는 「통영 – 남행시초 2」와 같은 여행시도 있는데, 이 작품에 보이는 풍경은 토속적이면서도 유토피아적인 비전으로 가득 차 있다. 토속적이면서도 유토피아적인 삶의 모습이 여행지에서 만난 현실적 삶 위에 포개져서 만들어진 풍경으로 보인다.

백석은 1930년대 후반 문단의 반근대적인 흐름에 따라 토속적인 것, 옛것을 이상적인 것으로 추구한다. 그는 토속적인 풍경을 묘사하기 위해 세련된 근대적 기법을 동원한다. 그것이 바로 이미지즘 기법이다. 그가 이미지즘 기법을 쉽게 수용할 수 있었던 것은 그가 지닌 제유적 세계관 때문으로 보인다. 제유적 세계관은 원래가 전통 농양석 사상인데, 시대적 요청에 따라 백석에게는 그것이 근대적인 감각으로 수용된 것이다. 토속적 정서와 근대적 기법의 결합 위에 형성된 이 새로운 풍경들은 당대 지식인이 자신을 비쳐볼 수 있는 거울이다.

참 고 문 헌

고형진(1996), 「백석시 연구」, 고형진 편, 『백석』, 새미.

금동철(2005), 「훼손된 민족공동체와 그 회복의 꿈」, 조창환 외 13인 공저, 『한국현대시인론』, 한국문화사.

김문주(2005), 「한국 현대시의 풍경과 전통」, 고려대학교 대학원 박사학위 논문.

김용직(1996), 『한국현대시사 2』, 한국문연.

김재홍(1996), 「민족적 삶의 원형성과 운명애의 진실미, 백석」, 고형진 편, 『백석』, 새미.

김종태(2001), 『한국현대시와 전통성』, 하늘연못.

박석(1992), 「宋代 理學家 文學觀 硏究」, 서울대학교 대학원 박사학위논문.

박주택(1999), 『낙원회복의 꿈과 민족정서의 복원』, 시와시학사.

송기한(2005), 『한국현대시사탐구』, 다운샘.

신범순(1992), 『한국현대시사의 매듭과 혼』, 민지사.

양문규(2005), 『백석 시의 창작방법 연구』, 푸른사상.

오세영(1997), 『한국 근대문학론과 근대시』, 민음사.

오세영(2003), 『한국현대시인연구』, 월인.

이숭원(2006), 『백석시의 심층적 탐구』, 태학사.

李孝德, 박성관 역(2002), 『표상공간의 근대』, 소명출판.

정효구(1996), 「백석의 삶과 문학」, 정효구 편저, 『백석』, 문학세계사.

조지훈(1973), 『조지훈 전집 3』, 일지사.

최두석(1996), 「백석의 시세계와 창작방법」, 고형진 편, 『백석』, 새미.

T. S. Eliot, 이창배 역주(1989), 『T. S. 엘리어트』, 탐구당.

『청록집』 시의 풍경 연구

1. 머리말

『청록집』 시의 문학사적 공헌으로 흔히 '자연의 재발견'[1]을 들고 있다. 그런데 엄밀히 말해서 자연의 재발견이라기보다 '풍경의 재발견'이라 해야 보다 적확한 표현이 될 것이다. 시 작품에 나타난 자연은 이미 객관적인 사물로서의 자연이 아니라 하나의 풍경으로서의 자연이기 때문이다.

풍경은 자연 사물과 시각 주체가 만날 때 이루어진다. 자연 사물에다 시각 주체의 세계관이 투영될 때 풍경은 형성된다. 풍경이란 외부에 실재하는 것이 아니라 시각 주체의 의식 속에서 만들어지는 산물이다.[2] 다시 말해 풍경은 시지각을 매개로 성립하는 정신현상이다.[3] 우리가 보고 있는 것은 객관적인 자연 사물이 아니라 우리가 사용하고 있는 언어체계에 의해 만들어진 주관적인 세계이다.[4]

풍경은 순수한 감각을 통해 지각되는 물리적인 대상이 아니라 인간의 의식에 의해 선택되고 구성되는 역사적 산물이다.[5] 우리의 의식을

---

1) 김동리, 「자연의 발견」, 『문학과 인간』, 민음사, 1997, 46~58면.
2) 이효덕(李孝德), 『표상공간의 근대』, 박성관 역, 소명출판, 2002, 42면.
3) 강영조, 『풍경에 다가서기』, 효형출판, 2003, 27면.
4) 강영조, 위의 책, 144면.
5) 김문주, 「한국 현대시의 풍경과 전통」, 고려대학교 대학원 박사학위논문, 2005, 34면.

지배하는 것은 언어이다. 언어가 바뀌면 의식도 바뀌게 된다. 그리고 의식이 바뀌면 자연 사물을 보는 방식도 바뀌게 된다. 자연 사물을 보는 방식이 바뀌게 되면 풍경도 새롭게 탄생하게 된다.

이와 같이 새로운 풍경은 새로운 언어에 의해 탄생된다. 그 새로운 언어는 사회역사적으로 주조되는 것이다. 따라서 새로운 풍경은 집단적인 합의와 공감을 전제로 하고 있다. 사회적으로 보편적으로 공감하는 풍경문화가 있다는 말이다. 그런 의미에서 풍경은 문화적인 측면을 지닌다. 그리고 풍경은 사회적인 구실도 한다. 특정한 풍경은 공통의 추억이나 상징을 제공함으로써 한 집단을 결속시키는 역할을 하기도 한다. 그러한 풍경은 그 집단의 역사와 이상을 유지하기 위한 거대한 기억법으로서의 구실도 다하는 것이다.[6]

『청록집』은 20세기가 낳은 고전의 하나라 해도 과언이 아니다. 그 말 속에는 『청록집』 시에 들어있는 자연 풍경이 한국인의 보편적 정서에 닿아있다는 의미가 함축되어 있다. 이는 한국인이 꿈꾸는 이상적인 풍경문화의 원형이 그 속에 들어있다는 말이다. 풍경은 꿈이다. 즉, 풍경에는 그 풍경을 산출한 사람이나 문화권의 소망과 꿈이 들어있다. 『청록집』 시에 들어있는 풍경은 그 시대가 만들어낸 산물이다. 그리고 그 풍경은 이후 한국 현대 자연서정시의 전범으로서 존재한다.

시각 주체의 세계관이 투영되어 있다는 관점에서 보면, 풍경은 시각 주체가 자아의 모습을 비추어 볼 수 있는 거울이다. 풍경시는 시적 주체가 세계의 물질 가운데서 자신의 노래를 발견하는 형식을 취하고 있기 때문이다.[7] 이런 의미에서 풍경시는 자아추구 내지 자아실현의 한 형태이다. 이것은 풍경이 관계의 미학이기 때문이다. 풍경은 시각 주체와 자연 사물이 만날 때 의미 있게 생성되기 때문이다.

풍경을 통한 만남에는 두 가지 방식이 있다. 사물과 사물간의 관계가

6) 강영조, 앞의 책, 150~151면.
7) 정선아, 「새로운 서정을 찾아서」, 『현대시』 2006년 6월호, 210~211면.

하나이고, 사물과 시각 주체와의 관계가 다른 하나이다. 이 만남의 방식은 앞에서 말한 문화적인 측면과 관련 있다. 여기서는『청록집』에 들어있는 박목월, 조지훈, 박두진 세 사람의 시에 나타난 풍경을 통해 사물과 사물, 사물과 주체간의 만남의 방식, 곧 관계의 미학을 심도 있게 알아보고자 한다. 그리고 그 관계의 미학이 사회역사적으로, 문화적으로 어떻게 생성되는지 살펴볼 것이다.

『청록집』시의 풍경은 그 이전의 한국시에 나타났던 풍경들과 그 이후에 전개되는 풍경들과의 연속선 가운데서 살펴봐야 할 것이나, 한국현대시에 나타난 풍경에 대한 연구가 더 많이 쌓여야 가능하다고 보기에 여기서는 논의하지 않기로 한다.

2. 박목월 시의 향토적 낭만적 풍경

박목월 자연서정시의 특징은 통상 향토적 목가적인 것으로 요약된다.[8] 이것은 생명의 고향으로서의 자연에 대한 낭만적 관점을 드러내는 말로 볼 수 있다. 박목월의 시에 나타난 낭만적 관점은 1920년대 시의 낭만적 관점과 사뭇 다르다. 1920년대의 낭만적 서정시가 서구나 일본으로부터 이식된 측면이 강한 반면,『청록집』시기 박목월의 낭만적 서정시는 어느 정도 자생적인 것으로 볼 수 있다. 일제하에 진행된 산업화로 말미암아 1930년대 후반 식민지 조선에서도 낭만적인 서정시가 생겨날 수 있는 사회문화적인 토양이 형성되어 있었다고 보아야 할 것이다. 이러한 사회문화적 토양 위에 새로운 풍경이 탄생할 수 있었던 것이다.

---

8) 김재홍, 「목월 박영종」,『한국현대시인연구』, 일지사, 1986, 349~350면.
김용직, 「동정성과 향토정조-박목월론」,『한국현대시사 2』, 한국문연, 1996, 505~523면.
오세영, 「영원 탐구의 시학」,『한국현대시인연구』, 월인, 2003, 516~523면.

방초봉(芳草峰) 한나절
고운 암노루

아랫마을 골짝에
홀로 와서

흐르는 냇물에
목을 축이고

흐르는 구름에
눈을 씻고

열두 고개 넘어가는
타는 아지랑이

—「삼월」 전문

위의 작품에는 여느 낭만적 자연서정시에서와 같이 유토피아 지향성
이 보인다. 그런데 박목월의 온건한 성품을 고려해 볼 때, 이 시에서는
그 유토피아 지향성이 매우 강하게 나타난다. 유토피아 지향성이 너무
강해서 작품 속에 다소 촌스러운 분위기가 연출되고 세련되지 못한 풍
경이 보인다. '방초봉'이라는 시어에서 그러한 모습이 보인다. 방초봉
이란 향기롭고 꽃다운 풀들이 자라는 봉우리라는 뜻이다. 이 방초봉이
란 어휘의 내용과 뉘앙스는 고대 중국이나 조선의 낙원사상과 관련 있
는 듯하다. 원래 풍경은 불로의 신선들이 산다는 고대 낙원을 지상에
재현하고자 하는 소망에서 연유하였다고 볼 수 있다.[9]

그런데 고운 암노루가 살고 있는 그 방초봉은 열두 고개 너머에 있
다. 시각 주체인 서정적 자아의 눈으로부터 너무도 멀리 떨어져 있다.

---

9) 강영조, 앞의 책, 95면.

열두 고개라 하면 단순한 물리적 거리를 넘어서는 심리적 미학적 거리의 의미를 함축하고 있다. 시각 주체가 아무리 다다르려 노력해도 이를 수 없는 거리가 놓여있다. 이 존재론적 거리로 인해 낭만적 아이러니가 발생한다.

이 시에서 시각 주체는 풍경 밖에 존재한다. 그러면서 풍경 속의 자연 사물들과 생명적으로 교감하고 있다. 이렇게 교감을 할 때 시각 주체인 '나'와 의미 있는 풍경이 조성되는 것이다. 이 풍경 속의 자연 사물들은 시각 주체의 시선에 전체적으로 포착된다. 열두 고개 너머에 있는 방초봉까지 한 눈에 잡히는 것이다. 다시 말해, 풍경 속의 자연 사물들은 시각 주체의 시선에 총체적으로 조망되고 있다. 시각 주체와 사물들이 은유적인 동일성을 형성하고 있다.

그리고 풍경 속의 자연 사물들과 시각 주체 사이의 생명적 교감은 감각적으로 구체적으로 나타난다. 방초봉이 비록 고대 신선사상에 나오는 듯한 촌스런 말이지만 여기에는 나름대로 감각적 뉘앙스가 들어가 있다. 그리고 고운 암노루가 아랫마을 골짝에 내려와서 목을 축인다는 데서 미각적 즐거움을 맛볼 수 있고, 그 노루가 흐르는 구름에 눈을 씻는다는 데서 촉각적인 미감을 맛볼 수 있다. 그리고 열두 고개 넘어가는 타는 아지랑이를 바라보는 데서는 시각적인 쾌감을 느낄 수 있다. 이러한 감각적인 표현들을 통해서 근대적인 새로운 풍경의 탄생을 즐길 수 있는 것이다. 이것은 1920년대의 영탄적인 낭만적 서정시와 구별되는 모습이다.

머언 산 청운사(靑雲寺)
낡은 기와집

산은 자하산(紫霞山)
봄눈 녹으면

느릅나무
속잎 피어가는 열두 구비를

청노루
맑은 눈에

도는
구름

　　　　　　　　　　　　　　　　　　　　—「청노루」 전문

　위의 작품에는 박목월이 창안한 풍경언어가 보이고 있다. 청운사,
낡은 기와집, 자하산, 청노루 등이 새로운 풍경언어로 나타나고 있다.
이 풍경언어들은 일제말기에 박목월이 상상적으로 만들어낸 '마음의
지도'[10) 속에 등장하는 것들이다. 물론 박목월이 만들어 낸 마음의 지
도는 일제말기를 견디기 위해 상상적으로 고안한 이상적인 풍경이다.
이 풍경 속에는 느릅나무도 들어서 있다. 박목월의 말대로[11) 심산유곡
이 아니라 속취가 분분한 야산에 살고 있는 느릅나무가 풍경 속으로
들어간다는 것은 한국시문학사에서 새로운 변화이다. 야산에서 서식하
고 있는 이 느릅나무는 자하산이라는 심산 속에 있는 청운사와 같은
낡은 기와집, 청노루 등과 대조를 이루며 새로운 풍경을 연출하고 있다.
　이 새로운 풍경은 청노루를 사이에 두고 두 세계가 대립 길항관계를
유지하는 가운데 성립되고 있다. 시각 주체의 분신인 청노루는 청운사
와 자하산이 있는 이상세계와 느릅나무가 있는 세속세계 사이에 서서
고뇌하고 있다. 이상적인 심산유곡으로 들어가지도 못하고 속세에 머
무르지도 못하고 있다. 다시 말해, '열두 구비' 고갯길 위에서 이러지도
저러지도 못하고 있다. 박목월은 이 당시 자신의 심적 상태를 '심뇌(心

---

10) 박목월, 『보랏빛 소묘』, 신흥출판사, 1958, 83면.
11) 박목월, 위의 책, 84면.

惱)' 또는 '미급한 해탈'12)이라는 말로 설명하고 있다.

이 시의 풍경에는 1930년대 후반기와 1940년대 초반기 한반도에서 살아가고 있는 사람들의 보편적인 정서가 투영되어 있는 것이다. 현실이 너무나도 처참할 때 사람들은 과거의 이상적인 현실을 오늘날의 자연에 투영하여 낙원 풍경을 연출해낸다. 낭만적인 비전으로 현실을 감내하며 새로운 미래를 준비하고 있는 것이다. 이것은 단순한 현실도피가 아니다. 자하산, 청노루, 청운사가 있는 이상세계는 점점 더 파시스트적 속도로 치달리고 있는 식민지 자본주의 현실을 비판하고 초극하게 해주는 근원으로 기능하고 있는 것이다. 위대한 과거는 미래 인류가 도달하고 성취해야 할 목표가 되는 것이다.

> 강나루 건너서
> 밀밭 길을
> 구름에 달 가듯이
> 가는 나그네
>
> 길은 외줄기
> 남도 삼백 리
>
> 술 익는 마을마다
> 타는 저녁놀
>
> 구름에 달 가듯이
> 가는 나그네
>
> ― 「나그네」 전문

이 시에는 박목월이 꿈꾸는 향토적 목가적 풍경이 잘 나타나고 있다.

---

12) 박목월, 위의 책, 84면.

즉 전원풍경이 낭만적인 시각 주체에 의해 잘 포착되어 있다. 전원풍경은 그 전원과 미적 거리를 유지하고 있는 사람들에 의해 발견된다. 실제로 농사짓고 있는 사람들에게 자연은 극복의 대상이지 관조의 대상이 아니다. 이 시를 쓸 당시 박목월은 고향에 살고 있었으나 농사꾼은 아니었다. 그는 대구에 있는 계성중학교를 마치고 경주에 있는 동부금융조합이라는 회사에서 일을 하고 있었다.13) 따라서 그는 충분한 미적 거리를 가지고 농촌의 자연을 관조할 수 있었다.

이 시가 박목월의 고향 모량리를 모델로 하고 있다는 것은 잘 알려진 사실이다.14) 모량리에는 물이 거의 흐르지 않는 '건천(乾川)'이라는 하천이 있다. 물이 흐르지 않아 결코 풍요로운 땅이 아니었을 것이다. 그럼에도 불구하고 작품 속에는 물이 많이 흐르는 강이 들어가 있다. 강을 끼고 밀밭길이 끝도 없이 펼쳐져 있다. 매우 풍요로운 땅으로 바뀌어져 있다. 그리고 마을마다 술이 무르익고 있다. 일제 말기에 집집마다 술이 익는다는 것은 실제로 있을 수 없는 일이다. 시각 주체의 눈에 포착된 농촌 풍경은 결코 있는 그대로의 농촌의 모습이 아니다. 그것은 응당 있어야 할 이상적인 농촌 풍경, 언젠가 이 땅에 도래해야 할 당위적인 농촌 풍경이다. 즉 하나의 이데아로서의 풍경이다.15)

이 이상적이고 당위적인 농촌 풍경은 미메시스의 대상으로 존재한다. 이 작품에서 시각 주체인 서정적 자아는 그 당위적인 풍경을 모방하고 닮고 베끼고자 하는 열망에 가득 차 있다고 보아야 할 것이다. 리꾀르에 의하면16), 미메시스는 현실을 있는 그대로 복사하는 것이 아니라, 있는 그대로의 현실보다 더 훌륭하게 더 아름답게 창조적으로

---

13) 문흥술, 「박목월의 생애와 문학」, 박현수 편, 『박목월』, 새미, 2002, 10면.
14) 최승호, 「박목월 서정시의 미메시스적 읽기」, 『서정시와 미메시스』, 역락, 2006, 49~50면.
15) 김준오도 「나그네」에 이상적인 당위적인 농촌이 보인다고 한 적이 있다. 김준오, 『시론』, 삼지원, 1992, 20~21면.
16) P. Ricoeur, *Metaphor vive*, Seuil, 1975, pp.13~69.

구성하여 낸 '새로운 세계'를 제시하는 것이다. 다시 말해, 그에게 있어서 미메시스란 문학적 형상화를 통한 새로운 세계의 개시이다.[17]

이처럼 당위적인 이상적인 농촌 풍경을 문학적으로 선취해 놓고 실제 현실을 개혁코자 하는 꿈이 이 작품 속에 들어가 있다고 보아야 할 것이다. 이데아로서의 전원풍경을 미리 제시해 놓고 현실의 농촌을 거기까지 끌어올리려는 보수주의적인 현실개혁의 방식은 당시 한국인의 보편적인 정서의 한 축과 연결되어 있다고 볼 수 있다. 즉 이러한 꿈은 한민족이라는 집단의 역사와 이상을 드러내고 있다고 보아야 할 것이다.

> 여기는 경주
> 신라 천년……
> 타는 노을
>
> 아지랑이 아른대는
> 머언 길을
> 봄 하루 더딘 날
> 꿈을 따라 가면은
>
> 석탑 한 채 돌아서
> 향교 문 하나
> 단청이 낡은 대로
> 닫혀 있었다
>
> ─「춘일(春日)」 전문

고대국가 신라의 수도였던 경주를 다루고 있는 이 시에는 폐허의 미학이 일정 부분 나타나고 있다. 식민지하 당시의 경주는 낡을 대로 낡

---

17) 권한밀, 「박두진 시의 은유적 세계관 연구」, 대구대학교 대학원 석사학위논문, 2003, 16~17면.

아있었을 것이다. 향교에는 문이 한 짝밖에 남아 있지 않다. 그리고 단청은 낡을 대로 낡아 있었고 문은 닫혀있다. 단청이 낡을 대로 낡았다는 것, 향교의 문이 닫혀 있었다는 것은 폐허의 미학을 드러낸다.

폐허의 미학은 화려한 과거에 대한 향수를 전제로 하고 있다. 근대 낭만적 서정시의 경우, 낡고 소멸되어 가는 것들에게서 느끼는 덧없음이나 애련함의 정서는 중요한 미적 항목이 된다. 폐허는 더 이상 멸망의 이미지가 아니라 이상적인 낙원을 극적으로 연출하는 소도구가 된다.[18] 이것은 심미적 민족주의와도 연결된다. 이러한 폐허 풍경 역시 한민족이라는 집단에게 역사적 문화적 정체성을 심어주고 재도약의 꿈을 갖게 해준다.

3. 조지훈 시의 고전적 동양적 풍경

청록파 세 사람 가운데 풍경을 특별히 강조한 시인은 조지훈이다. 그는 '주관적인 표현'을 강조하는 서정시와 '객관적인 묘사'를 강조하는 서사시의 중간지점에 '敍景詩'라는 장르를 따로 설정할 만큼 풍경을 묘사한 시의 중요성을 강조하고 있다. '서경시'는 주관적인 미와 객관적인 미를 다 포괄하기 때문에 서정시나 서사시보다 우월하다고 주장할 정도이다.[19] 이는 풍경을 묘사한 동양의 서정시가 주체중심주의적 경향을 띠고 있는 서양의 서정시론으로는 설명될 수 없는 독특한 성격을 띠고 있다는 것을 의미한다.[20]

조지훈 서정시의 특징은 통상 전통적인 미학, 고전적인 미학, 동양적

---

18) 강영조, 앞의 책, 54면.
19) 조지훈, 「시의 원리」, 『조지훈 전집 3』, 일지사, 1973, 77~78면. 조지훈의 서경시론은 미의 주관성과 객관성을 똑같이 중시하고, 주체와 객체의 대등한 만남을 주장하는 정경교융론에 의거하고 있음을 알 수 있다.
20) 최승호, 「백석 시의 풍경 연구」, 『우리말글』 제46집, 우리말글학회, 2009, 268면.

인 미학 등으로 설명되어 왔다.[21] '전통적인 미학'이라는 말 속에는 전 근대적인 미학이 현대적인 것으로 재발견되었다는 의미가 함축되어 있다. 전통은 현대적인 필요에 의해 과거의 것이 현대적인 것으로 거듭난다는 것이다. 따라서 전통은 어디까지나 현대적인 가치, 현대적인 감각으로 그 모습을 바꾸어 나타나게 마련이다.

'고전적인 미학'이란 말 속에는 과거의 것이 현재의 규범으로 작용하고 있다는 의미가 들어가 있다. 따라서 발터 벤야민 식으로 말해서,[22] 고전은 근원적인 것이 되고, 현재와 미래의 모델이 된다. 고전주의자들에게 있어서 고전은 현재를 비판하고 평가할 수 있는 가치의 척도가 된다. 그리고 미래를 설계할 수 있는 지표가 된다. 따라서 고전주의자들은 이른바 '역진보'를 꿈꾸는 보수주의자가 된다.

그리고 '동양적인 미학'이라는 말 속에는 서구적인 것에 한계와 회의를 느끼고 있다는 뜻이 내포되어 있다. 조지훈이 특별히 동양미학에 관심을 갖게 된 데에는 여러 가지 개인사적인 이유도 있겠지만, 시대사적인 이유도 있다고 보아야 할 것이다. 그 시대사적인 이유는 일제하 파시즘 체제에 대한 심미적인 대응방식과 관련된다. 이것은 당대 유행한 동양적인 생명사상과 연결되고, 나아가 고전부흥운동과도 맥이 닿아있다고 보아야 할 것이다.

하늘로 날을 듯이 길게 뽑은 부연 끝 풍경이 운다.

처마 끝 곱게 늘이운 주렴에 반월(半月)이 숨어

21) 박호영, 「조지훈 문학 연구」, 서울대학교 대학원 박사학위논문, 1988, 70~86면.
    김용직, 「전통미학의 세계 - 조지훈론」, 『한국현대시사 2』, 한국문연, 1996, 477~505면.
    김종태, 「조지훈 초기 자연서정시에 나타난 세계와 자아의 대응양상」, 최승호 편, 『조지훈』, 새미, 2003, 192~202면.
22) 발터 벤야민, 『발터 벤야민의 문예이론』, 반성완 역, 민음사, 1983, 348면.

아른아른 봄밤이 두견이 소리처럼 깊어가는 밤

곱아라 고아라 진정 아름다운지고

파르란 구슬빛 바탕에

자지빛 호장을 받친 호장저고리

호장저고리 하얀 동정이 환하니 밝도소이다.

살살이 퍼져 나린 곧은 선이

스스로 돌아 곡선을 이루는 곳

열두 폭 기인 치마가 사르르 물결을 친다.

— 「고풍의상」 일부

    위의 작품은 조선조 사대부 후예들이 즐겨 사용할 듯한 심미적인 풍경언어들로 가득 차 있다. 풍경, 주렴, 반월, 두견이, 호장저고리, 동정, 운혜, 당혜, 호접, 거문고 등과 같은 풍경언어들은 사대부 후예들이라는 특정한 문화적 집단을 결속시켜주는 것들이다. 이러한 풍경언어로 형성된 풍경은 그런 특정한 문화집단의 역사라든가 이상을 유지시켜주는 기억창고 역할을 한다. 이것이 바로 풍경이 가지는 사회문화적 역할이다.

    여기에 나오는 풍경언어들은 한결같이 회고적 복고적 상고적 취미를 불러일으키고 있다. 그리고 고전적인 취미를 상기시키고 있다. 앞에서도 말했듯이 고전이란 규범적인 것이다. 따라서 고전적인 미란 형식적으로 정제된 것, 조화와 질서가 잡힌 것이어야 한다. 위의 작품에는 형식미, 균제미, 안정된 구도미 등이 잘 나타나고 있다. 찬란한 영화를 누리던 귀족 계급인 사대부 후예들의 의식체계가 투영되어 있는 것이다.

그럼에도 불구하고 위의 작품에는 무희의 춤사위와 같이 생동감 넘치는 장면이 자리 잡고 있다. 그리고 그 무희의 춤사위뿐만 아니라 옷, 신발, 주렴 등과 같은 소도구들도 매우 감각적이고 생생하게 구체적으로 묘사되어 있다. 그런 측면에서 이 전통미학은 이미 근대적인 미학을 통과하고 나온 것으로 봐야 할 것이다. 조지훈에게 보이는 이러한 전통미학은 현대가 필요해서 만들어낸 새로운 미학이라 보아야 할 것이다. 조지훈에게는 위의 작품처럼 정제된 고전미만 나타나는 게 아니다.

> 벌레 먹은 두리기둥 빛 낡은 단청 풍경 소리 날아간 추녀 끝에는 산새도 비둘기도 둥주리를 마구 쳤다. 큰나라 섬기다 거미줄 친 옥좌 위엔 여의주 희롱하는 쌍룡 대신에 두 마리 봉황새를 틀어 올렸다. 어느 땐들 봉황이 울었으랴만 푸르른 하늘 밑 추석을 밟고 가는 나의 그림자. 패옥 소리도 없었다.
>
> ─「봉황수(鳳凰愁)」일부

위의 시에는 완전한 폐허는 아니지만, 어느 정도 폐허의 미학이 나타난다고 볼 수 있다. 여기에 나타나는 폐허미학 역시 앞서 살펴본 박목월의 「춘일(春日)」에 보이는 그것과 유사하다. 겉으로는 중국을 섬기던 사대주의로 인해 망해버린 조선 왕조와 그 문화를 한탄하고 있는 것 같지만, 속으로는 그 망해버린 왕조와 문화에 한없는 애착과 미련을 간직하고 있다. 폐허란 더 이상 망해버린 과거문명에 대한 한탄의 이미지가 아니라, 이상적인 낙원을 꿈꾸는 데 필요한 소도구로 작용하기 때문이다. 이 시에서 시각 주체는 풍경 안으로 들어가 있다. 즉 시각 주체도 폐허풍경의 일부로 존재한다. 이 폐허풍경을 통해 자신을 비롯한 사대부 후예들이 지향하는 상고적인 미학을 은연중 노출하고 있는 것이다.

닫힌 사립에
꽃잎이 떨리노니

구름에 싸인 집이
물소리도 스미노라.

단비 맞고 난초 잎은
새삼 치운데

볕 바른 미닫이를
꿀벌이 스쳐간다.

바위는 제 자리에
옴짝 않노니

푸른 이끼 입음이
자랑스러라
아스럼 흔들리는
소소리바람

고사리 새순이
도르르 말린다.

　　　　　　　　　　　　　　—「산방(山房)」 전문

　위의 시에 나타난 풍경은 월정사 근처 민가쯤으로 짐작된다. 이 풍경
속의 자연 사물들은 고요한 가운데 생명적인 운동을 하고 있다. 즉 정
중동(靜中動)의 미학을 보이고 있다. 닫힌 사립에 꽃잎이 떨린다거나
구름으로 쌓인 집에 물소리가 스민다는 것은 자연 사물이 지닌 생명력
을 보여준다. 볕 바른 미닫이를 꿀벌이 스쳐간다는 것에서도, 그리고
고사리 새순이 도르르 말린다는 것에서도 생명미학을 읽을 수 있다.

풍경 속의 모든 사물은 제 각각 품수한 이치에 따라 생명적 운동을 다하고 있는 것이다.

이런 생명미학은 전통 동양의 기(氣)사상에서 나온 것인데, 일제하 위축되고 피폐해진 우리 민족의 생명력을 회복 신장시키고자 고심한 흔적이 보이는 것이다. 크게 보면 이 생명미학은 1930년대 후반 전개된 동아시아의 고전부흥운동과 관련되어 있다. 동양고전들을 생명사상이란 이름으로 재해석하여 서구 자본주의 문화가 초래한 파시즘체제에 대해 심미적으로 저항하고자 한 것으로 볼 수 있다. 따라서 여기에는 사대부 후예들의 집단적인 풍경문화가 들어가 있다고 볼 수 있다. 그리고 이 사대부 후예들의 풍경문화는 그 시대 상고주의 문화운동과도 연관이 있다고 볼 수 있다. 그럼에도 불구하고 이 시는 매우 참신하고 세련되어 있다. 그것은 이 시에 나타난 풍경이 매우 감각적이고 구체적인 것이기 때문이다.

이 작품에서 시각 주체는 풍경 밖에 위치해 있다고 보아야 할 것이다. 풍경을 관조하는 이른바 '탈자(脫者)'로서의 시각 주체는 풍경[23] 속의 자연 사물들과 고요한 생명적인 교감을 하고 있다. 생명력이 흘러넘치지도 않고 심히 위축되어 있지도 않다. 현상유지적인 교감을 하고 있다. 이것이 바로 유유자적의 미학이다.[24] 그리고 시각 주체와 풍경 속의 사물들은 화이부동(和而不同)의 태도를 취하고 있다. 서로서로 생명적인 교감은 하되 주체중심적으로 동일화가 일어나지 않고 있다. 조

---

23) 이때의 풍경은 근대 서구의 원근법이 들어가 있지 않은 전통 동양적 풍경으로 보아야 할 것이다. 시적 주체가 풍경 밖에 존재하더라도 풍경 속 사물들과 제유적 관계를 맺고 있다. 다시 말해, 시적 주체는 대상에 대해 이물관물(以物觀物)의 태도를 취하고 있다. 즉 주체중심적 태도를 취하고 있지 않다. 그런 의미에서 조지훈의 풍경은 반근대적이라 할 수 있다.

24) 최승호, 『한국현대시와 동양적 생명사상』, 다운샘, 1995, 196~197면.
오세영은 「山房」에 유가적인 자연 인식이 들어가 있다고 설명하고 있다.
오세영, 「선비정신과 자연의 의미」, 『한국현대시인연구』, 월인, 2003, 494~495면.

화와 질서를 이루되 강제로 주체중심적으로 통합하지 않는다는 이 화이부동의 미학은 제유적 세계관에 의거하고 있다.

제유란 초월적 중심이 없이 사물들이 서로서로 유기적으로 관계를 맺는다는 말이다. 시각 주체와 자연 사물 간에만 화이부동이라는 제유의 미학이 나타나는 것이 아니라, 사물과 사물 사이에도 제유의 미학이 나타난다. 사물과 사물은 유기적인 구조를 형성하고 있다. 사물들은 부분적인 독자성을 유지하면서도 전체적으로 긴밀히 연속되어 있다. 근대 서구 주체중심주의 사상으로 초래된 인과론적 인식이 보이지 않는다. 따라서 이 풍경 속에는 초월적 중심에 의한 원근법이 보이지 않는다. 그리고 이 작품 속에는 모더니즘 시에서 보이는 파편성이나 우연성도 보이지 않는다. 시각 주체를 포함한 모든 사물들은 서로서로 대등한 상태에서 민주적인 관계를 형성하고 있다.

1930년대 후반에 부활된 이러한 제유의 미학은 근대 서구 주체중심주의 미학에 대한 일종의 심미적 저항방식이다. 조지훈 같은 사대부 후예들이나 할 수 있는 심미적 저항방식이다. 이러한 심미적인 저항방식은 그 시대 일정한 공감대가 형성되어 있었기에 가능한 것이었다. 이처럼 이 작품의 풍경 속에는 사대부 후예라는 특정한 문화적 공동체의 의식체계가 반영되어 있다고 보아야 할 것이다.

> 외로이 흘러간 한 송이 구름
> 이 밤을 어디메서 쉬리라던고
>
> 성긴 빗방울
> 파초 잎에 후두기는 저녁 어스름
>
> 창 열고 푸른 산과
> 마주 앉으라.

들어도 싫지 않는 물소리이기에
날마다 바라도 그리운 산아

온 아침 나의 꿈을 스쳐간 구름
이 밤을 어디메서 쉬리라던고.

― 「파초우(芭蕉雨)」 전문

위의 시에서는 시각 주체가 풍경 속에 들어와 앉아 있다. 자기 자신도 풍경의 일부로 묘사하고 있다. '창 열고 푸른 산과 마주 앉아라'라는 구절에서 확인할 수 있다. 풍경 속에 들어와 앉아 있는 시각 주체에게 '푸른 산'은 자신을 비추어 보는 거울과 같다. '푸른 산'과 같은 자연 사물 속에 시각 주체의 세계관, 미의식이 생생하게 투영되어 있기 때문이다.

위의 작품 속에 나타나는 시각 주체는 반근대적 의식체계를 지니고 있다고 보아야 할 것이다. 그는 아침부터 밤까지 온통 돈이 되지 않는 구름에만 정신을 팔고 있다. 그 구름이 자신의 꿈을 스쳐갔다고 할 만큼 시각 주체에게는 소중한 것이다. 꼭 같은 내용을 시의 도입부와 종결부에다 반복할 만큼 시적 주체에게는 의미 있는 것이다. 한갓 구름에다 관심을 집중시킬 만큼 여유로운 모습을 보여준다. 이 여유는 나그네에게나 가능한 것이다. 나그네는 자신이 살고 있는 식민지 자본주의 현실에 만족을 못하는 존재이다. 그는 본질적인 가치를 찾아 떠도는 존재이다.

시각 주체가 찾아 떠도는 본질적인 것은 자본주의적 속도, 파시스트적 속도를 벗어난 곳에 존재한다. 창 열고 푸른 산과 맞이할 수 있는 공간이 그러한 곳이다. 성긴 빗방울이 파초 잎에 후두기는 저녁 어스름이 깔리는 공간, 들어도 싫지 않는 물소리가 있고 날마다 바라도 그리운 산이 있는 공간이 바로 나그네가 꿈꾸는 본질적인 세계인 것이다. 이러한 본질적인 풍경은 시각 주체에게 미메시스의 대상이 된다. 이때의 미메시스는 서구적인 것과 달리 상호적인 것이다. 즉 시각 주체는 자연 풍경에 동화되고, 풍경 속의 자연 사물들은 시각 주체에게 동화되는 것이다.

4. 박두진 시의 기독교적 묵시적 풍경

일찍이 정지용이 추천소감에서 '신자연(新自然)'이란 어사로 상탄을 했듯이,[25] 박두진 시의 풍경은 청록파 세 사람 중에서도 가장 새롭다. 그것은 소재적인 측면에서나 형상화 방법에서나 단연 새로운 것이었다. 박두진에게서 그러한 새로운 풍경이 나타날 수 있는 것은, 주지하다시피, 기독교 문화 때문이다.[26] 박두진이 시로써 등단할 무렵이면 이 땅에 기독교 문화가 본격적으로 꽃을 피울 때가 되었다고 본다. 교회, 학교, 병원 같이 기독교와 관련 있는 제도적 기관을 통해 기독교적인 언어는 한국인의 언어체계 속으로 깊숙이 파고들어 자리를 잡았다고 볼 수 있다. 이런 기독교적인 언어가 상당한 세력을 형성해감에 따라 기독교적인 풍경문화도 자리를 잡기 시작했다고 보아야 할 것이다. 언어가 바뀌지 않으면 결코 새로운 문화가 생겨나지 않기 때문이다.

아랫도리 다박솔 깔린 산 넘어 큰 산 그 넘엇산 안 보이어 내 마음 둥둥 구름을 타다.

우뚝 솟은 산, 묵중히 엎드린 산, 골골이 장송(長松) 들어섰고 머루 다 랫넝쿨 바위 엉서리에 얽혔고, 샅샅이 떡갈나무 억새풀 우거진 데 너구리, 여우, 사슴, 산토끼, 오소리, 도마뱀, 능구리 등, 실로 무수한 짐승을

---

25) 정지용, 『문장』 제12호, 1940. 1, 195면.
26) 유성호, 「기독교 의식을 통한 신성 지향의 완성」, 오세영 · 최승호 공편, 『한국현대시인론 1』 266~267면.

지니인.

　산, 산, 산들! 누거만년(累巨萬年) 너희들 침묵(沈默)이 흠뻑 지리함즉
하매.

　산이여! 장차 너희 솟아난 봉우리에, 엎드린 마루에, 확 확 치밀어 오를
화염을 내 기다려도 좋으랴

　핏내를 잊은 여우 이리 등속이 사슴 토끼와 더불어 싸릿순 칡순을 찾아
함께 즐거이 뛰는 날을 믿고 기다려도 좋으랴?
─「향현(香峴)」 전문

　위의 시에서는 아주 새로운 풍경언어들이 많이 발견된다. 다박솔,
떡갈나무, 억새풀, 너구리, 여우, 오소리, 도마뱀, 능구리 등이 그러하
다. 이들 풍경언어들은 종래까지 서정시에는 잘 나타나지 않았던 것들
이다. 그리고 산에 대한 풍경 묘사도 아주 새롭다. 우뚝 솟은 산, 묵중
히 엎드린 산 등이 그러하다. 그런 산이 첩첩 포개어져 있는데, 멀리
있어 눈에 보이지 않는 산을 바라보기 위해 시각 주체의 마음이 둥둥
구름을 타고 있다. 이는 종래까지 볼 수 없던 입체적인 풍경이요, 생명
력으로 가득 찬 역동적인 풍경이다.

　그 산들은 지금까지 조용하게 살아온 우리 민족과 함께 누거만년을
침묵 속에 지루하게 지내 왔었다. 그러나 이제 그 산들은 새로운 시대
를 맞아 화염을 치밀어 올릴 때가 되었다. 그런 산과 함께 우리 민족이
생의 기운을 떨칠 때가 되었다는 것이다. 이는 민족 해방을 기다리는
기독교 시인이 꿈꿀 수 있는 최대치의 표현이다. 그만큼 기독교적인
언어가 우리 민족의 보편적인 삶 속으로 깊이 파고들고 있었다는 것을
의미한다.

　그렇게 성숙된 기독교문화로 인해 마지막 연에서 이상적인 풍경을

미래적 비전으로 제시할 수 있었던 것이다. 핏내를 잊은 여우, 이리 등속이 사슴, 토끼와 더불어 싸릿순, 칡순을 찾아 함께 즐거이 뛰는 풍경은 우리 문학사에서 완전히 새로운 것이다. 이 이상적인 풍경은 시각 주체가 묵시적으로 바라보며 묘사한 것이다. 그것은 이 땅에 실재하는 풍경이 아니다. 언젠가 이 땅에 도래해야 할 당위적인 풍경이다. 향기 나는 고개, 곧 '향현(香峴)'은 구약시대 선지자 이사야가 묵시적으로 내다본 회복된 낙원의 모습을 모방한 것이다.

> 이리와 어린 양이 함께 먹을 것이며 사자가 소처럼 짚을 먹을 것이며 뱀은 흙으로 식물을 삼을 것이니 나의 성산에서는 해함도 없겠고 상함도 없으리라 여화와의 말이니라[27]

이 구절은 선지자 이사야가 성령에 감동되어 장차 도래할 '하나님'의 나라, '새 하늘과 새 땅'의 풍경을 예언적으로 묵시적으로 묘사한 부분이다. 그곳은 어린 양이 이리와 함께 먹고 사자가 소처럼 짚을 먹는 낙원으로서의 공간이다. 이것은 기독교식으로 말해서 창조적 질서가 회복된 풍경이다.[28]

> 북망(北邙)이래도 금잔디 기름진대 동그만 무덤들 외롭지 않으이.
>
> 무덤 속 어둠에 하이얀 촉루(髑髏)가 빛나리. 향기로운 주검의 내도 풍기리
>
> 살아서 설던 주검 죽었으매 이내 안 서럽고, 언제 무덤 속 화안히 비춰줄 그런 태양만이 그리우리.

---

27) 〈이사야〉 제65장 25절
28) 최승호, 「『청록집』에 나타난 생명시학과 근대성 비판」, 『서정시의 이데올로기와 수사학』, 국학자료원, 2002, 23면.

금잔디 사이 할미꽃도 피었고 삐이 삐이 배, 뱃종! 뱃종! 맷새들도 우는
데 봄볕 포근한 무덤에 주검들이 누웠네.

— 「묘지송(墓地頌)」 전문

위의 작품 속에도 여러 가지 풍경언어가 나타난다. 북망, 촉루, 무덤,
주검 등이 그러한 것들이다. 똑같은 풍경언어라 해도 어떠한 풍경체계
속에 들어가느냐에 따라 새로울 수도 있고 진부할 수도 있다. 종래까지
이러한 종류의 풍경언어들은 일반적으로 음산하거나 허무적인 분위기
를 자아내는 풍경체계 속에 동원되었던 것들이다. 그런데 여기서는 이
러한 언어들이 매우 희망차고 소망스럽고 낙관적인 분위기를 연출하는
풍경체계 속에 들어가 있다. 매우 새로운 풍경언어들로 바뀌어져 있음
을 알 수 있다. 이 새로움은 박두진이 가지고 있는 기독교적인 부활사
상 때문이다. 그 부활사상은 성경적인 언어체계로부터 나온 것이다.
  이 부활사상을 담고 있는 기독교적인 언어체계 때문에 주검도 향기
로운 냄새를 피우게 된다. 썩은 시신에서조차 향기로운 냄새가 난다는
이 후각적인 풍경은 매우 참신하다. 그리고 무덤 속 어둠에 하이얀 촉
루가 빛난다는 시각적인 풍경 역시 매우 참신하고 새롭다. 그리고 금잔
디 사이 맷새 소리는 청각적 풍경을 아름답게 제공하고 있다. 이처럼
이 작품은 한국문학사에서 보이지 않았던 새로운 풍경언어만 보여줄
뿐 아니라, 참신한 감각적 표현도 선사하고 있다. 이것은 사고체계에
있어서 패러다임의 전환에서 오는 것이다. 제목조차도 '묘지송(墓地頌)'
인 것을 보면 알 수 있다.
  한편 이 작품의 풍경 속 사물들은 시각 주체와 생명적으로 교감하고
있다. 사물들은 사물대로, 시각 주체는 시각 주체대로 생명력이 넘쳐흐
르고 있다. 무덤을 덮고 있는 금잔디나, 무덤 속 촉루나, 무덤 사이 할
미꽃이나 맷새 할 것 없이 시각 주체와 생명적으로 하나가 되어 동일성
을 이루고 있다. 그런데 그 동일성은 무덤 속을 화안히 비쳐줄 태양,

곧 예수 그리스도에 의해 가능하다. '하나님'의 절대적인 섭리 안에 시각 주체와 사물들이 서정적 동일성을 이루어 내는 것이다. 이것은 강력한 총체적 관계를 초래하는 은유적 방식이다. 이로 인해 한국현대시사에서 전혀 새로운 풍경이 탄생한 것이다. 서양 낭만주의 시에서 보이는 완전히 주체중심적 동일화의 풍경도 아니도 아니고, 동양의 산수시에서 보이는 물아일체, 화이부동의 풍경도 아니다. 물론 박두진에게서도 주체중심은 보인다. 그러나 그 주체중심은 '하나님'이라는 절대자의 주관 안에서 일어나는 것에 지나지 않는다. 초월적 중심은 어디까지나 삼위일체 하나님이다.

> 복사꽃이 피었다고 일러라. 살구꽃도 피었다고 일러라. 너의 오래 정들이고 살다 간 집 함부로 함부로 짓밟힌 울타리에 앵도꽃도 오얏꽃도 피었다고 일러라. 낮이면 벌 떼와 나비가 날고, 밤이면 소쩍새가 울더라고 일러라. (중략)
> 어서 너는 오너라. 별들 서로 구슬피 헤어지고 별들 서로 정답게 모이는 날 흩어졌던 너의 형 아우 총총히 돌아오고 흩어졌던 네 순이도 누이도 돌아오고, 너와 나와 자라나던 막쇠도 돌이도 복술이도 왔다.(중략)
>
> 복사꽃 피고, 살구꽃 피는 곳 나와 뛰놀며 자라난 푸른 보리밭에 남풍은 불고 젖빛 구름 보오얀 구름 속에 종달새는 운다. 기름진 냉이꽃 향기로운 언덕, 여기 푸른 잔디밭에 누워서 철이야 너는 너는 늘 늘 늘 가락 맞추어 풀피리나 불고 나는 나는 두둥싯 두둥실 붕새춤이나 추며 막쇠와 돌이와, 복술이랑 함께, 우리 옛날을 옛날을, 뒹굴어보자.
> ─「어서 너는 오너라」 일부

위의 작품에 보이는 풍경은 현실 속의 자연 사물을 토대로 하고 있지 않다. 순전히 상상 속의 풍경이다. 이 시 역시 일제말기 해방되기 전에 쓰여진 것이다. 광복이 되면 미래 회복될 조국의 풍경을 미리 상상적으로 선취하여 보여주고 있는 것이다. 미래 회복될 조국의 모습은 낙원에 가깝다. 민족적 집단적 꿈이 투영된 조국의 풍경이다.

박두진은 '하나님'을 역사의 주관자로 보고 있다. 광복을 맞이한 조국은 기독교에서 말하는 낙원과 유사한 풍경을 보여주고 있다. 낙원처럼 회복된 조국 속에서 사람은 다른 사람들과 함께 동일성을 회복하고 있을 뿐만 아니라, 식물이나 동물과 같은 자연 사물들과도 이상적인 동일성을 회복하고 있다. 그 동일성의 원리는 '하나님'으로부터 오는 것이다. 그리고 그렇게 회복될 낙원의 모델은 과거, 곧 '옛날'에 이미 있었던 것이다. 그것은 바로 에덴인 것이다. 에덴을 모델로 하여 이상적인 풍경을 연출하는 박두진의 시학은 당대로서는 매우 새로울 수밖에 없었던 것이다.

5. 꼬리말

본고에서는 지금까지 『청록집』에 실려 있는 시들의 풍경을 살펴보았다. 풍경은 관계의 미학이다. 시각 주체와 사물간의 만남, 사물과 사물간의 만남에서 풍경이 탄생한다. 그 관계의 미학은 사회역사적으로, 문화적으로 규정된다.

『청록집』 시기 박목월의 자연서정시에 나타난 풍경은 대체로 향토적이고 목가적이다. 이것은 그가 낭만적 세계관을 지니고 있기 때문으로 보인다. 그의 작품 속에 보이는 유토피아 지향성을 보면 알 수 있다. 풍경 속의 자연 사물들은 시각 주체의 시선에 의해 총체적으로 조망되고 있다. 시각 주체와 사물들이 은유적 동일성을 형성하고 있다. 그리고 풍경 속의 자연 사물들은 시각 주체와 생명적인 교감을 하고 있는데 그 교감방식이 감각적이고 구체적으로 묘사되어 있다. 이 감각적이고 구체적인 묘사를 통해 근대적인 새로운 풍경이 탄생하는 것을 볼 수 있다. 이 시기 박목월 자연서정시의 풍경에는 한반도에서 살아가고 있는 사람들의 보편적 정서의 한 축이 투영되어 있다. 이데아로서의 전원풍경을 먼저 제시해놓고 현실의 농촌을 거기까지 끌어올리려는 보수주의적 현실개혁의 논리와 꿈이 들어가 있다. 이러한 꿈은 한민족이라는 집단의 역사와 이상을 드러내고 있다고 보아야 할 것이다.

청록파 시인 중에 풍경의 중요성을 유달리 강조한 사람은 조지훈이다. 조지훈에게는 고전적이고 전통적이고 동양적인 미를 환기시키는 풍경 언어들이 많이 보인다. 이 풍경언어들은 조선조 사대부 후예들이라는 특정한 문화집단을 결속시켜 주는 역할을 한다. 이러한 풍경언어로 형성된 풍경문화는 그런 특정한 집단의 역사라든가 이상을 유지시켜 주는 기억창고 역할을 한다. 조지훈 시의 풍경 속에 들어있는 고전적이고 전통적이고 동양적인 사물들은 매우 감각적이고 구체적으로 묘사되고 있다. 이는 조지훈의 전통미학이 이미 근대적인 미학을 통과하고 나온 것으로 보아야 할 것이다. 조지훈과 그가 소속된 문화적 집단이 현대적인 필요에 따라 새롭게 창출한 풍경으로 보아야 할 것이다. 조지훈 시의 풍경 속 사물들은 서로서로 생명적인 교감을 하고 있다. 사물과 사물끼리도 생명적인 교감을 하지만, 사물과 시각 주체와의 관계도 생명적이다. 이 생명적 교감은 이른바 화이부동의 형식을 띠고 있다. 그런 의미에서 조지훈 시의 풍경에는 제유적 세계관이 들어가 있다. 이 제유의 미학은 파시즘에 봉착한 근대를 초극하고자 나온 미학사상의 하나이다.

청록파 세 사람 중에서 가장 새로운 풍경을 보여주는 시인은 단연 박두진이다. 박두진이 다른 시인들보다 더욱 새로운 풍경을 보여줄 수 있었던 것은 그가 가진 기독교적 세계관 때문이다. 박두진에게는 종래까지의 서정시에서 보이지 않는 시적 소재와 풍경언어들이 많이 나타난다. 그리고 사물과 사물이 만나는 방식, 사물과 시각 주체가 만나는 방식, 곧 관계의 미학이 매우 새롭다. 서정적 동일성에 이르는 방법이 서구 낭만적 서정시에서처럼 단순히 주체중심적이지만은 않다. 그리고 동양적 서정시에서처럼 화이부동의 미학, 물아일체의 미학과도 다르다. 주체중심적 동일화가 일어나되 어디까지나 '하나님'의 절대 주권 안에서 이루어진다. 이것은 강력한 총체적 관계를 초래하는 은유적 방식이다. 박두진이 보여주는 풍경은 현실적으로 존재하는 자연의 모습이 아니다. 기독교적인 사상을 토대로 한 묵시적 풍경이다. 미래 언젠가 이 땅에 도래해야 할 이상적인 당위적인 풍경이다. 광복을 맞이할 조국의 풍경을 낙원, 곧 에덴의 회복된 모습을 통해 제시하고 있는 것이다.

참 고 문 헌

강영조, 『풍경에 다가서기』, 효형출판, 2003.

김동리, 『문학과 인간』, 민음사, 1997.

김용직, 『한국현대시사 2』, 한국문연, 1996.

김재홍, 『한국현대시인연구』, 일지사, 1986.

김종태, 『한국현대시와 서정성』, 보고사, 2004.

김준오, 『시론』, 삼지원, 1992.

문흥술, 「박목월의 생애와 문학」, 박현수 편, 『박목월』, 새미, 2002.

박목월·조지훈·박두진, 『청록집』, 을유문화사, 1946.

박목월, 『보랏빛 소묘』, 신흥출판사, 1958.

박철희 편, 『박두진』, 서강대학교 출판부, 1996.

박현수 편, 『박목월』, 새미, 2002.

엄경희, 『미당과 목월의 시적 상상력』, 보고사, 2003.

오세영, 『한국현대시인연구』, 월인, 2003.

조지훈, 「시의 원리」, 『조지훈 전집 3』, 일지사. 1973.

최승호, 『한국현대시와 동양적 생명사상』, 다운샘, 1995.

최승호, 『서정시의 이데올로기와 수사학』, 국학자료원, 2002.

최승호 편, 『조지훈』, 새미, 2003.

최승호, 『서정시와 미메시스』, 역락, 2006.

이효덕(李孝德), 『표상공간의 근대』, 박성관 역, 소명출판, 2002.

발터 벤야민(Benjamin, W.), 『발터 벤야민의 문예이론』, 반성완 역, 민음사, 1983. Ricoeur, P., Metaphor vive, Seuil, 1975.

권한밀, 「박두진 시의 은유적 세계관 연구」, 대구대학교 대학원 석사학위 논문, 2003.

김문주, 「한국현대시의 풍경과 전통」, 고려대학교 대학원 박사학위논문, 2005.

박호영, 「조지훈 문학연구」, 서울대학교 대학원 박사학위논문, 1988.

유성호, 「기독교 의식을 통한 신성지향의 완성」, 오세영·최승호 공편, 『한
　　국현대시인론 1』, 새미, 2003.
이숭원, 「환상의 지도에서 존재의 탐색까지」, 박현수 편, 『박목월』, 새미,
　　2002.
정선아, 「새로운 서정을 찾아서」, 『현대시』 2006년 6월호.
최승호, 「백석 시의 풍경 연구」, 『우리말글』 제46집, 우리말글학회, 2009.

백석 시의 나그네 의식

1. 머리말

　근대 이후 문학에는 동일성의 세계[1], 근원에 대한 열망이 많이 나타난다. 영원한 고향, 동일성의 세계에서 추방된 근대적 주체, 나그네로 떠도는 시적 주체는 그가 떠나온 본향, 즉 선험적 고향[2]으로 되돌아가고 싶어 한다. 근대문학에는 이렇게 선험적 고향으로 되돌아가고파 떠도는 '나그네'의 의식이 반영되어 있다 하겠다.

　선험적 고향은, 루카치의 말대로, 신과 인간과 자연이 하나로 혼융된 원초적 화합의 세계, 동질적 세계이다.[3] 그곳은 근대적인 시적 주체가 몽상하는 세계이기도 하다. 왜냐하면 그곳은 이미 파괴되었고 지상에는 더 이상 존재하지 않는 곳이어서 시적 주체의 간절한 바람에도 불구하고 영원히 돌아갈 수 없는 세계이기 때문이다. 이 영원히 돌아갈 수 없는 원형적 고향을 꿈꾸며 헤매는 것이 근대문학의 한 속성이다.

　백석에게는 이러한 선험적 고향, 원초적 고향을 회복하고 싶어 하는 욕구가 매우 강하게 나타난다. 선험적 고향을 찾아 헤매는 시들이 그의

---

1) 에른스트 블로흐, The Principle of Hope, translated by N. Plaice & S. Plaice, P. Knight (Oxford: Blackwell), p.203. 임철규, 『왜 유토피아인가』, 민음사, 1994, 29면에서 재인용.
2) 게오르그 루카치(반성완 역), 『루카치 소설의 이론』, 심설당, 1985, 29면.
3) 게오르그 루카치, 위의 책, 30면.

시세계의 주종을 이룬다고 볼 수 있다. 그의 시 전편에 '나그네 의식'이 깔려있다고 해도 과언이 아닐 정도이다.

지금까지 백석의 시를 유랑 내지 떠돌이 의식이란 관점에서 연구한 논문들은 더러 있다.[4] 그리고 기존 연구에서는 백석의 유랑 내지 떠돌이 의식을 주로 1939년 이후 만주에서의 유랑생활과 관련지어 연구하고 있는 것이 일반적이다. 이들 연구들은 직접 문면에 나타난 유랑생활에다 초점을 맞추고 있는 경향이 있다.

유랑 내지 떠돌이 의식이란 개념은 정처 없이, 뚜렷한 방향성 없이 떠돌아다니는 데에 초점이 모아져 있다. 따라서 직접 유랑이나 떠돌이 생활을 다루지 않은 시들을 분석하는 데에는 나름대로 한계가 있다. 거기에 비해 나그네 의식이란 개념에는 고향으로 돌아가거나 고향을 회복하고 싶어 하는 시적 주체의 뚜렷한 방향 내지 목적의식이 내재되어 있다. 그래서 이 나그네 의식이란 용어를 사용하면 직접 유랑이나 떠돌이 생활을 하지 않은 시기의 백석의 시들까지 포함시켜서 분석할 수 있는 장점이 있다.

여기서 말하는 나그네는 근대적인 의미의 나그네이다. 전근대 시대에도 나그네는 존재했지만 선험적 고향을 상실한 경험이 없는 존재이다. 그에 비해 근대적인 나그네는 선험적 고향을 상실한 경험이 있고

---

4) 백석의 시를 유랑 내지 떠돌이의식과 관련지어 연구한 대표적인 논문들로 아래와 같은 것들이 있다.

신범순, 「백석의 공동체적 신화와 유랑의 의미」, 『한국현대시사의 매듭과 혼』, 민지사, 1992.

윤여탁, 「백석과 안용만의 서술시」, 『시의 논리와 서정시의 역사』, 태학사, 1995.

김재홍, 「민족적 삶의 원형성과 운명애의 진실미, 백석」, 고형진 편, 『백석』, 새미, 1996.

정효구, 「백석의 삶과 문학」, 정효구 편저, 『백석』, 문학세계사, 1996.

고형진, 「백석시 연구」, 고형진 편, 『백석』, 새미, 1996.

이숭원, 「풍속의 시화와 눌변의 미학」, 정효구 편, 『백석』, 문학세계사, 1996.

오세영, 「떠돌이와 고향의 의미」, 『한국현대시인연구』. 월인, 2003.

송기한, 「백석 시의 고향 공간화 양식 연구」, 『한국현대시사탐구』, 다운샘, 2005.

그 상실한 선험적 고향을 회복하고자 심미적으로 노력하는 존재이다.

그의 나그네 의식은 초기 『사슴』의 시편들과 『사슴』 이후에 씌어진 기행시 내지 여행시와 같은 중기시에도 아주 많이 나타난다. 여기에서는 '나그네 의식'이란 용어로 그의 시 전체를 해석해 보고자 한다.[5] '나그네 의식'이란 개념을 사용하여 그의 시에 나타난 시적 주체의 의식지향을 살펴보고자 한다. 그의 시를 초기, 중기, 후기로 나누고 각 시기별로 연구해 보고자 한다. 나그네를 통한 의식지향을 살펴보는 것은 근대 서정시의 한 일반적 성격을 짚어보는 의미도 들어있다. 왜냐하면 앞에서도 말했듯이, 근대인이란 영원한 고향을 상실하고 떠도는 존재이면서 그 영원한 고향으로 돌아가고자 하는 열망을 지니고 있는 존재이기 때문이다.

백석 시에 나타난 나그네의 미적 태도를 연구하다보면 그의 창작방법을 이해하는 데도 도움이 된다. 지금까지 백석 시의 창작방법을 논하는 대부분의 논문들에서는 백석 시에 이미지즘 기법이 나타난다고 보고 있다.[6] 이 이미지즘 기법은 객관적이고 담담한 묘사, 대상과의 심리적 거리두기, 대상에 대한 병렬적 묘사 등으로 설명되어 왔는데, 여기서는 그러한 특징들이 시적 주체인 '나그네'가 지니는 미적 태도와 관련된다는 것이 드러날 것이다. 그리고 기존의 연구들에서 백석 시의 내용은 토속적인데 창작기법은 모던하다는 식으로 다소 애매하게 설명해 왔는데, '나그네'의 미적 태도로 그 애매한 부분이 어느 정도 해소될

5) 본고에서는 편의상 백석의 시적 편력을 세 시기로 나누어보았다. 시집 『사슴』 발간까지를 초기로 잡고, 『사슴』 이후의 여행시 내지 기행시를 많이 쓰던, 만주로 가기 전까지를 중기로 설정하고, 만주 생활에서부터 해방 후 신의주 생활까지를 후기로 잡아보았다.
6) 대표적으로 아래와 같은 논문들이 있다.
김재홍, 「민족적 삶의 원형성과 운명애의 진실미, 백석」, 고형진 편, 『백석』, 새미, 1996.
최두석, 「백석의 시세계와 창작방법」, 고형진 편, 『백석』, 새미, 1996.
정효구, 「백석의 삶과 문학」, 정효구 편저, 『백석』, 문학세계사, 1996.
송기한, 「백석 시의 고향 공간화 양식 연구」, 『한국현대시사탐구』, 다운샘, 2005.

것으로 보인다.

2. 선험적 고향을 동경하는 나그네

1930년 3월 19세 때, 고향 정주를 떠난 이후 백석은 해방기에 이르기까지 나그네 생활을 끊임없이 하게 된다. 타관살이 하는 동안 그는 많은 여행을 하게 된다. 남해안지대와 동해안지대, 함경도의 산악지대와 평안도의 산악지대, 북만주의 오지까지 답사하였고, 일본의 이즈(伊豆)반도와 만주의 여순반도 그리고 중국의 북경까지 여행을 하였다.7) 해방 후 북한 땅에 정착할 때까지 그는 줄곧 나그네 생활을 하였으며, 그의 대부분의 시들은 이 나그네로서의 운명적인 삶과 분리할 수 없을 정도이다.

그는 1935년 8월 조선일보에 시 「定州城」을 발표하면서 본격적인 시작 활동을 하게 된다. 시인으로서 그의 첫 작품인 「정주성」을 살펴보는 것은 의미 있는 일이다.

山턱 원두막은 뷔었나 불빛이 외롭다
헌겊심지에 아즈까리 기름의 쪼는 소리가 들리는 듯하다

잠자리 조을든 문허진 城터
반딧불이 난다 파란 魂들 같다
어데서 말 있는 듯이 크다란 山새 한 마리 어두운 골짜기로 난다

헐리다 남은 城門이
한울빛같이 훤하다

---

7) 송준, 「시인 백석의 간략한 일대기」, 『백석시전집』, 학영사, 1995, 314면.

날이 밝으면 또 메기수염의 늙은이가 청배를 팔러 올 것이다
　　　　　　　　　　　　　　　　　　一「定州城」 전문

이 시는 일본 유학에서 돌아와 조선일보사에서 근무하면서 쓴 작품이다. 타관살이를 하면서 고향을 회상하며 쓴 작품인데, 여기에 나타난 고향은 심히 파괴되고 훼손된 공간이다. 산중턱에 원두막이 있는데 비어있는지 불빛이 외롭다고 모두부터 쓸쓸하게 풍경을 묘사하고 있다. 시적 주체는 매우 자세히 풍경을 묘사하고 있다. 헝겊 심지에 아주까리 기름 쪼는 소리가 들리는 듯하다고 표현하고 있는 것을 봐서 알 수 있다. 무너지고 파괴된 고향이지만 그 고향에 대한 애착이 상당함을 알 수 있게 해주는 부분이다. 이미 고향을 떠난 상태이기 때문에 시적 주체의 상상이 들어갈 여지가 많다고 볼 수 있다.

이런 상상에 기대어 그려진, 훼손된 고향 정주성의 모습은 매우 생생하다. 잠자리 졸던 성터는 무너지고 반딧불이가 죽은 사람들의 혼처럼 날고 있다. 커다란 산새 한 마리도 어둑한 골짜기로 날아간다고 묘사하면서 어둡고 음산한 분위기는 계속된다. 그리고 성문도 헐리다 말았는데 너무 많이 헐려 하늘이 훤하게 비칠 정도이다. 이렇게 훼파된 정주성 안에 날이 밝으면 메기수염을 한 초라한 늙은이, 생명력이 심히 위축된 늙은이가 청배를 팔러올 것이라 예상하고 있다.

이처럼 위의 시는 이미 파괴된 고향 정주성을 세밀하게 묘사하고 있다. 안으로는 고향 잃은 자의 쓸쓸함과 울적함이 상당할 수밖에 없지만, 겉으로는 냉정하다 할 만큼 객관적으로 묘사하고 있는 것이다. 이 묘사의 기법, 심리적 거리두기의 기법 속에 시적 주체가 처한 상태가 짐작되는 것이다. 시적 주체가 이미 파괴된 고향을 떠나 나그네로 살아가고 있다는 정황이 간접적으로 나타나는 것이다. 그리고 메기수염을 한 늙은이가 청배를 팔러 올 것이라고 예상하는 데서도 시적 주체가 나그네로 타향에 위치하고 있음을 짐작할 수 있다.

위의 시에서 보는 바와 같이 시적 주체는 이미 파괴된 고향을 떠나 나그네로 떠돌면서 그 파괴된 고향, 선험적 고향을 그리워하며 회상하고 있는 것이다. 위의 작품이 훼손된 민족공동체의 모습[8]과 그 훼손된 민족공동체를 아쉬워하고 그리워하는 시적 주체를 동시에 보여준다면, 아래의 시는 한 가족의 몰락사를 통해 전통적인 가치, 민족사적 가치체계가 무너져가는 모습을 회상하는 나그네로서의 시적 주체를 보여준다.

주홍칠이 날은 旌門이 하나 마을 어구에 있었다

'孝子盧迪之之旌門'- 몬지가 겹겹이 앉은 木刻의 額에
나는 열 살이 넘도록 갈지字 둘을 웃었다

아카시아꽃의 향기가 가득하니 꿀벌들이 많이 날어드는 아츰
구신은 없고 부헝이가 담벽을 띠쫗고 죽었다

기왓골에 배암이 푸르스름히 빛난 달밤이 있었다
아이들은 쪽재피같이 먼길을 돌았다

—「旌門村」 부분

위의 시에서는 조선적 가치, 곧 양반 사대부적 가치의 몰락을 읽을 수 있다. 旌門이란 효자나 열녀를 기리기 위해 마을 어귀에 세우는 문이고 조선조 당시에는 가문이나 마을의 명예와 자존심의 상징이었다. 그러나 지금 시적 주체가 회상하고 있는 그 旌門은 아무도 돌보는 이 없어 낡을 대로 낡아있다. 그리고 '孝子盧迪之之旌門'이라 쓰여 있는 목각의 액자도 먼지가 겹겹이 앉아있다.

---

8) 신범순, 「백석의 공동체적 신화와 유랑의 의미」, 『한국현대시사의 매듭과 혼』, 민지사, 1992, 187면.
금동철, 「훼손된 민족공동체와 그 회복의 꿈: 백석론」, 조창환 외 13인 공저, 『한국현대시인론』, 한국문화사, 2005, 258~259면.

시적 주체가 회상하고 있는 그 양반집에는 일제의 상징인 아카시아 꽃9)이 만발하여 향기를 발하고 있다. 이것은 일제하의 왜곡된 근대화에 의해 조선적인 것들이 몰락하고 있음을 나타내는 구절이다. 그리고 음산한 그 집에는 부엉이가 부리로 마구 쪼다가 쓰러져 죽어있다. 한때는 그 마을의 중심이요 자랑이었던 집이 이제는 폐가가 되어 지붕 기왓골에 뱀이 푸르스름히 기어 다니게 되고 아무도 가까이 하기를 꺼려하는 집으로 변했다. 나중에는 그 집 딸 '가난이'가 어린 열다섯에 당시 천민이던 말꾼한테 시집을 가야할 정도가 되었다.

이처럼 서울에서 타관살이 하는 나그네인 시적 주체가 회상하고 있는 고향 마을은 철저히 파괴된 공간이다. 그곳은 조선적 가치, 전통적 가치가 훼손된 공간이다. 이것은 백석에게 일종의 선험적 고향의 상실을 의미한다. 이 선험적 고향 상실은 이 시대 민족사적으로 하나의 보편적인 현상이었다.10) 그리고 한 가족의 몰락사는 공동체의 몰락사, 국가의 몰락사를 상징적으로 표현하고 있다고 보아야 할 것이다.11)

이상에서 살펴본 바와 같이 백석의 초기시에는 파괴되고 상실된 선험적 고향을 회상하는 시가 더러 있다. 그것도 「정주성」 같이 한 시인의 데뷔작으로 나타날 때는 의미하는 바가 크다. 이 정주성이 파괴되는 순간부터, 旌門村이 몰락하는 때로부터 그는 나그네의 운명을 벗어날 수 없었던 것이다.

시집 『사슴』에 나오는 그의 초기시 중에는 이미 훼손된 민족공동체인 고향을 회상하는 시들 외에 그 잃어버린 선험적 고향을 회복하고자

---

9) 김종태, 「백석시의 세계 대응 양상」, 『한국현대시와 전통성』, 하늘연못, 2001, 107면.
10) 최두석, 「백석의 시세계와 창작방법」, 정효구 편저, 『백석』, 문학세계사, 1996, 294면.
11) 오세영, 「떠돌이와 고향의 의미」, 『한국현대시인연구』, 월인, 2003, 418면. 한 가족의 몰락사를 통해 공동체와 국가의 몰락을 상징적으로 보여주는 작품에는 「여승」이란 시도 있다.

노력하는 작품들도 상당수 들어있다. 이때의 시적 주체 역시 나그네로 존재한다. 나그네로 떠돌면서 선험적 고향에 대해 동경을 갖고 있는 것이다. 물론 여기서도 나그네는 문면에 직접 나타나지 않는다. 다만 작품 이면을 통해 알 수 있을 뿐이다. 그런데 앞에서 말한 대로 이미 선험적 고향, 영원한 동일성의 고향은 파괴되고 없었다. 다만 그 파괴된 선험적 고향을 회복하고 싶어 하는 열망만 가졌을 뿐이다. 이러한 열망으로 만들어진 시가 바로 「여우난곬족」, 「古夜」, 「가즈랑집」, 「고방」, 「오리 망아지 토끼」, 「夏畓」, 「모닥불」, 「酒幕」, 「初冬日」 등이다.

이들 시 중에서 많이 언급되는 작품은 「여우난곬족」, 「고야」, 「가즈랑집」 등인데, 주로 신화적 세계[12], 동질적이고 자족적인 공간,[13] 토속적 민족공동체[14], 원형적 삶[15]이라는 관점에서 연구되었다. 이들 작품들은 주로 유년기적 화자의 시점으로 동심적 차원에서 낙원회복을 꿈꾸고 있는 것들이다. 여기서는 중요하고 문학성이 높으면서도 상대적으로 소홀히 다루어진 작품을 중심으로 시적 주체가 꿈꾸는 낙원회복의 다른 중요한 양상들을 살펴보고자 한다.

　　짝새가 발뿌리에서 닐은 논드렁에서 아이들이 개구리의 뒷다리를 구어
　　먹었다

　　게구멍을 쑤시다 물쿤하고 배암을 잡은 눞의 피 같은 물이끼에 햇볕이
　　따그웠다

---

12) 신범순, 「백석의 공동체적 신화와 유랑의 의미」, 『한국현대시사의 매듭과 혼』, 민지사, 1992, 183~187면.
　　박주택, 『낙원회복의 꿈과 민족정서의 복원』, 시와시학사, 1999, 59~70면.
　　송기한, 「백석 시의 고향 공간화 양식 연구」, 앞의 책, 86~92면.
13) 이숭원, 「風俗의 詩化와 訥辯의 美學」, 정효구 편저, 『백석』, 문학세계사, 1996, 270면.
14) 고형진, 앞의 논문, pp.51~64.
　　금동철, 앞의 논문, 249~256면.
15) 김종태, 앞의 글, 105~116면.

돌다리에 앉어 날버들치를 먹고 몸을 말리는 아이들은 물총새가 되었다
—「夏畓」 전문

위의 시는 어른이 된 시적 주체가 어린 시절의 고향 생활을 회상하며
쓴 것이다. 이 시에 등장하는 인물들은 어린 아이들이다. 동화적 세계
가 그림처럼 펼쳐져 있다. 짝새가 발부리에서 날아오르는 논두렁에서
아이들이 개구리를 잡아 뒷다리를 구워먹었다는 데서 자연과 일체화된
소박하고 동화 같은 삶을 보게 된다. 그리고 늪에서 게를 잡기 위해
구멍을 쑤시다 손으로 뱀을 잡은 이야기, 돌다리에 앉어 날버들치를
먹고 몸을 말리던 아이들이 물총새가 되었다는 이야기 등은 자연 속에
서 자연과 더불어 하나가 되어 사는 낙원적 모습을 보여준다.16)
　백석이 보여주는 낙원의 모습은 서구적인 것과 다르다. 화려한 유토
피아가 결코 아니다. 자연 속에서 자연과 더불어 살다가 죽는 이야기
로 되어있다. 이러한 동양적인 낙원을 회복하고 싶은 것이다.
　위의 시에서 인간과 자연은 서로 구분되지 않는다. 인간 역시 자연의
한 부분으로 존재한다. 위의 작품에는 세 개의 이야기가 서술되어 있
다. 각각의 이야기는 사물처럼 묘사되어 이미지로 존재한다. 그런데
이 세 개의 사물, 곧 세 개의 이야기는 각각 독립적으로 병치되어 있으
나 완전히 파편적으로 나열되어 있지는 않다. 이들은 서로 부분적으로
독자성을 지니며 전체적으로는 내적으로 연속되어 하나의 유기적인 세
계를 이루고 있다.
　이것은 제유적 세계인식 방법인데, 사물들 사이에 민주적 관계를 도
모하는 방법이다. 초월적 중심이 없이 모든 사물들이 수평적으로 대등
한 관계를 맺고 있다. 이것이 바로 백석이 추구하는 동양적 유토피아의

---

16) 이효석은 백석의 시가 당대의 독자들에게 '잃었던 고향을 찾아낸 듯한 느낌'
　을 준다고 술회한 적이 있다.
　이효석, 「영서의 기억」, 『이효석 전집 7』, 창미사, 1983, 103면.

방법이다. 나그네로 떠도는 시적 주체는 시 「하답」에서 이상적인 고향, 선험적인 고향을 이렇게 동양적인 방법으로 회복하고 싶어 하는 것이다. 이러한 동양적 유토피아, 토속적 유토피아 회복의지는 「모닥불」에서 매우 구체적인 삶의 방식으로 제시된다.

새끼오리도 헌신짝도 소똥도 갓신창도 개니빠디도 너울쪽도 짚검불도 가락잎도 머리카락도 헌겊조각도 막대꼬치도 기와장도 닭의짗도 개터럭도 타는 모닥불

재당도 초시도 門長늙은이도 더부살이 아이도 새사위도 갓사둔도 나그네도 주인도 할아버지도 손자도 붓장사도 땜쟁이도 큰개도 강아지도 모두 모닥불을 쪼인다

ㅡ「모닥불」 부분

여기서 묘사되는 모닥불은 나그네인 시적 주체가 꿈꾸는 선험적 고향, 토속적 민족공동체를 지켜주는 상징적 존재가 된다. 이 모닥불에는 죽은 새끼 오리, 헌신짝, 소똥에서부터 검불, 가랑잎, 머리카락, 헝겊조각 등에 이르기까지 모든 사물들이 모여 타서 열과 빛을 낸다. 이것은 민족공동체의 에너지는 크고 작고 할 것 없이, 중요하거나 사소하거나 할 것 없이 모든 것이 어우러져서 이루어진다는 것을 의미한다고 볼 수 있다.

그리고 이 모닥불을 쪼는 존재들도 그 공동체 구성원 전부이다. 재당, 초시, 門長늙은이부터 붓장사, 땜쟁이, 강아지에 이르기까지 모두 모닥불을 공평하게 평등하게 쪼고 있다. 신분과 계급, 나이와 직업을 구별하지 않고, 인간과 동물 간에도 차별을 두지 않고 누구나 평등하게 모닥불을 쪼고 있다는 데서 시적 주체가 꿈꾸는 선험적 고향의 삶이 어떠한 것임을 알 수 있다.

3. 일상적 현실세계를 떠도는 나그네

백석에게는 여행시 또는 기행시가 많이 있다. 그는 만주로 가기 전 몇 번의 중요한 여행을 한 적이 있는데 그때마다 그 여행에서 얻은 모티브로 연작시를 썼다. 南行詩抄 연작과 咸州詩抄 연작과 西行詩抄 연작이 그러하다. 이런 연작들에 대한 연구는 다른 작품들에 비해 많이 이루어지지 않았다.

> 개 하나 얼린하지 않는 마을은
> 해밝은 마당귀에 맷방석 하나
> 빨갛고 노랗고
> 눈이 시울은 곱기도 한 건반밥
> 아 진달래 개나리 한참 퓌였구나
>
> 가까이 잔치가 있어서
> 곱디고흔 건반밥을 말리우는 마을은
> 얼마나 즐거운 마을인가
>
> ―「固城街道」 부분

풍속이나 풍물은 민족공동체를 하나로 묶어주는 토속적인 힘을 함유하고 있기 때문에 여행시나 기행시에서 중요한 모티브가 된다. 南行詩抄의 한 작품인 위의 시에서 우리는 나그네인 시적 주체가 남도를 여행하면서 풍경과 풍물을 관찰하고 노래하는 모습을 볼 수 있다. 시적 주체는 사물들 속으로 깊숙이 들어가지 않고 그것들로부터 일정한 심리적 거리를 유지하고 있다. 이것은 관조의 미학이 아니라, 관찰의 미학이다. 시적 주체가 나그네인 이상 어쩔 수 없는 것이다. 시적 주체는 나그네로 풍물과 풍경을 즐기면서 지나갈 뿐이다.

여기서 나그네인 시적 주체는 남도를 여행하면서 이상적인 마을, 선험적 고향과 같은 마을을 찾고 있다. 그가 찾아낸 이상적인 마을은 지금 잔치를 준비하고 있다. 해는 둥둥 높이 떠있고, 개도 한 마리 얼씬하지 않는 마을이다. 나그네에게 개는 두려운 존재이다. 원래 개는 나그네 같이 처음 보는 사람에게 사납게 짖어대기 때문이다. 개가 한 마리도 얼씬거리지 않는 마을이란 나그네에게 일단 평화롭고 안심이 가는 마을이다. 그 마을 마당귀에는 맷방석이 펼쳐져 있고 그 위에 잔치 때 쓰는 건반밥을 말리고 있다. 다식이나 강정을 만들기 위한 재료로 쓰이는, 붉은 물감이나 노란 물감을 들여 말리고 있는 이 건반밥[17]을 보고 시적 주체는 "아 진달래 개나리 한참 퓌었구나"하고 감탄하고 있다. 이 아름답고 평화스러운 마을에는 필시 당홍치마 노란저고리 입은 새악시들이 웃고 살 것만 같아 보인다.

이와 같이 건반밥을 보고 진달래, 개나리가 피었다고 비유하는 것으로 보아 시인 백석이 얼마나 따뜻한 봄날 같은 삶, 잔칫날 같은 삶이 펼쳐지는 이상적인 마을을 꿈꾸며 돌아다니고 있는가를 알 수 있다.

시적 주체가 떠도는 나그네이기 때문에 관찰되는 사물들의 내부 깊숙이 들어가는 것은 힘들다. 그럼에도 불구하고 이 여행시에서는 시적 주체가 찾아 헤매는 이상적인 삶의 모습이 잘 보인다. 그것은 화려한 삶도 부유한 삶도 아니고 자연 속에서 자연과 더불어 아름답게 소박하게 사는 것이다. 백석의 여행시 내지 기행시에 많이 나타나는 이러한 이상적인 삶의 모습은 그의 기억 속에 남아있는 선험적 고향의 모습과 관련이 있는 것으로 보인다. 여행을 하면서 주로 풍물에 집중하는 것을 봐서도 알 수 있다. 여기서 동원되는 풍물에는 과거의 이상적 삶의 흔적이 남아 있기 때문이다. 이처럼 백석은 마음속에 각인되어 있는 과거의 이상적 삶의 모습을 여행 중에 만나게 되는 당대의 삶과 정경에다 투사하고 있는 것으로 보아야 할 것이다.

---

17) 이숭원, 『백석 시의 심층적 탐구』, 태학사, 2006, 37면.

졸레졸레 도야지새끼들이 간다
귀밑이 재릿재릿하니 볕이 담복 따사로운 거리다

잿더미에 까치 오르고 아이 오르고 아지랑이 오르고

해바라기 하기 좋을 볏곡간 마당에
볏짚같이 누우란 사람들이 물러서서
어늬 눈오신 날 눈을 츠고 생긴 듯한 말다툼소리도 누우라니

소는 기르매 지고 조은다

아 모두들 따사로니 가난하니

—「삼천포」 전문

역시 南行詩抄 연작의 하나인 위의 시에서도 시적 주체인 나그네가 찾아다니는 이상적인 마을이 보인다. 졸래졸래 돼지 새끼들이 걸어가는 모습이나, 잿더미에 까치가 오르고, 아이들이 오르고, 아지랑이 오르고 하는 모습이나, 소가 길마를 지고 조는 모습 등 모든 사물들이 아름답고 소박한 삶을, 생명력을 즐기고 있다.

그리고 여기에 나오는 모든 사물들은 다 각각 부분적 독자성을 띠면서도 서로 유기적으로 긴밀히 연결되어 있다. 맨 마지막 연에 나오는 "아 모도들 따사로히 가난하니"에서 확인 할 수 있다. 서로가 서로의 생명력을 즐기면서 간섭하지 않고, 타자에게 자기주장을 강요하지 않고, 조화와 질서를 이루는 삶이 바로 제유적인 유토피아이다. 이것은 일종의 反근대적인 삶의 방식이기도 하다. 일제하에서 진행되는 근대적인 삶, 주체 중심적인 삶에 대한 말없는 저항이기도 하다.

明太창난젓에 고추무거리에 막칼질한 무이를 뷔벼 익힌 것을
이 투박한 北關을 한없이 끼밀고 있노라면

쓸쓸하니 무릎은 꿇어진다

시큼한 배척한 퀴퀴한 이 내음새 속에
나는 그스득히 女眞의 살내음새를 맡는다

얼근한 비릿한 구릿한 이 맛 속에선
까마득히 新羅백성의 故鄕도 맛본다

— 「北關」 전문

    위의 시는 咸州詩抄 연작 중 하나다. 함흥에서의 백석은 이방인이었
다. 평안도 출신이 함경도에서 나그네로 살아가는 쓸쓸한 모습이 보인
다. 이 시에는 관북지방의 독특한 풍물이 소개되고 있다. 명태 창란젓
에 고추무거리를 섞고 막칼질한 무를 비벼 만든 요리는 관북지방의 풍
물 중의 하나다. 관북지방을 대표하는 이 서민적인 음식은 오랜 역사를
지니고 있다. 그 음식에서는 시큼하고 비릿하고 퀴퀴한 냄새가 나는데,
그 냄새 속에서 희미하게 여진족의 살 냄새를 맡게 된다. 그리고 거기
에는 얼큰하고 구릿한 냄새도 나는데, 그 냄새 속에서 까마득하게 먼
옛날 신라 백성의 고향도 맛본다. 이러한 역사적인 인식을 불러일으키
는 음식 앞에서 시적 주체는 경건함을 느끼고 무릎을 꿇게 된다.
    민족사적 향수를 불러일으키는 풍물에 대한 노래는 당시가 일제하인
것을 생각할 때 자못 의미가 깊다고 할 것이다. 백석이 여러 지방을
여행하면서 풍속과 풍물을 노래하고 그것도 정주방언으로 시를 썼다는
것은 상당히 의미심장한 데가 있다. 이것은 그가 反근대석인 민족적
정서를 지니고 있었을 뿐만 아니라 동시에 민족사적 고향에 대한 향수
도 지니고 있었다는 뜻이 된다.

닭이 두 홰나 울었는데
안방 큰방은 홰줏하니 당등을 하고

인간들은 모두 웅성웅성 깨여 있어서들
오가리며 석박디를 썰고
생강에 파에 청각에 마늘을 다지고

시래기를 삶는 훈훈한 방안에는
양념 내음새가 싱싱도 하다

밖에는 어데서 물새가 우는데
토방에선 햇콩두부가 고요히 숨이 들어갔다
　　　　　　　　　　　　　　　　—「秋夜一景」 전문

　위의 시는 咸州詩抄 연작에 들어있지는 않지만, 관북지방을 떠돌며
쓴 여행시 내지 기행시로 보인다. 이 시에서도 관북지방의 풍물이 잘
보인다. 풍물이란 인간들이 살아가는 방식이 자연스럽게 나타난 문화
이다. 여기서 그 풍물을 둘러싼 인간들과 사물들은 제유적 관계를 보이
고 있다. 겉으로는 서로서로 독립되어 있으면서도 내적으로 긴밀히 조
화와 질서를 이루고 있어 유기적 관계를 맺고 있다. 즉 행복한 삶을
영위하고 있다. 이것 역시 나그네인 시적 주체가 찾아 헤매는 이상적인
삶의 모습일 것이다.
　시의 각 연간의 관계도 그러하다. 각각의 연들은 각기 하나의 사물을
묘사하는 것으로 되어있다. 그 묘사하는 방법이 이미지즘 시의 창작방
법과 유사하다. 사물들이 병렬적으로 열거되면서 묘사되고 있다. 그러
면서도 완전히 파편적이지는 않다. 내적으로 각각의 연들은 서로 긴밀
히 연결되어 있다. 이것은 바로 제유적인 세계 인식방법으로 설명이
가능하다. 그리고 이 제유적 세계 인식방법은 나그네로서 시적 주체가
지닌 미적 태도와도 상관이 있다. 나그네인 시적 주체는 사물들을 관찰
하는 자다. 따라서 사물들 속으로 깊이 파고들지도 않고 눈에 보이는
대로 열거하면서 묘사한다. 사물들이 지닌 부분적 독자성이 이미지의

나열로 나타나는 것이다. 아마 1930년대 유행한 이미지즘 기법을 백석이 쉽게 받아들일 수 있었던 이유 중에 하나가 여기에도 있을 것이다.

어쩐지 香山 부처님이 가깝웁다는 거린데
국수집에서는 농짝 같은 도야지를 잡어 걸고 국수에 치는 도야지 고기
는 돗바늘 같은 털이 드문드문 백였다
나는 이 털도 안 뽑은 도야지 고기를 물구러미 바라보며
또 털도 안 뽑은 고기를 시커먼 맨모밀국수에 얹어서 한입에 꿀꺽 삼키
는 사람들을 바라보며

나는 문득 가슴에 뜨끈한 것을 느끼며
小獸林王을 생각한다 廣開土大王을 생각한다

— 「北新」 부분

서행시초 연작의 하나인 위의 시에서도 나그네인 시적 주체는 메밀국수를 통해 서북지방의 풍물을 즐기고 있다. 더 나아가 털도 안 뽑은 돼지고기를 맨 메밀국수에 얹어서 한입에 꿀꺽 삼키는 북방인의 풍습을 보고 가슴에 뜨끈한 것을 느낀다. 그 장면을 보고 소수림왕과 광개토대왕을 생각한다. 북방인의 소박하면서도 강인한 생명력을 즐겁게 바라보며 가슴에 강한 감동을 받은 것이다.

이 시는 1939년 11월 9일자 조선일보에 발표되었다. 이 시기는 한반도 전체가 일제 파시즘체제로 들어가 민족의 생명력이 한없이 꺾인 때이다. 바로 이 시점에 고구려인들과 그 후손을 시에 등장시켜 강인한 민족적 생명력을 북돋우고자 했다고 볼 수 있다. 그리고 이 시는 앞에서 살펴본 「北關」처럼 민족사적 고향을 찾아 떠도는 시적 주체를 짐작하게 하는 면이 있다.

4. 뿌리 뽑힌 삶으로 고통 받는 나그네

1939년 겨울 백석은 만주로 가서 측량보조원, 측량서기, 소작농 생활 등을 전전하며 지낸 적이 있다. 그것은 시 「歸農」에서도 확인이 된다. 그리고 安東의 세관에서 세무공무원으로 근무하기도 했다.[18] 해방이 될 때까지 만주에서 힘들고 외롭고 고통스럽게 살다가 해방 후 고국으로 돌아오나 곧바로 고향에 가서 거주하지 않고 신의주에 일시 머무른다. 이 기간 동안에 백석은 본격적으로 뿌리 뽑힌 나그네 생활을 하게 된다.

> 아득한 녯날에 나는 떠났다
> 夫餘를 肅愼을 渤海를 女眞을 遼를 金을
> 興安嶺을 陰山을 아무우르를 숭가리를
> 범과 사슴과 너구리를 배반하고
> 송어와 메기와 개구리를 속이고 나는 떠났다(중략)
>
> 그동안 돌비는 깨어지고 많은 은금보화는 땅에 묻히고 가마귀도 긴 족보를 이루었는데
> 이리하야 또 한 아득한 새 녯날이 비롯하는 때
> 이제는 참으로 이기지 못할 슬픔과 시름에 쫓겨
> 나는 나의 녯 한울로 땅으로- 나의 胎盤으로 돌아왔으나
>
> 이미 해는 늙고 달은 파리하고 바람은 미치고 보래구름만 혼자 넋없이 떠도는데
>
> 아, 나의 조상은 형제는 일가친척은 정다운 이웃은 그리운 것은 사랑하는 것은 우러르는 것은 나의 자랑은 나의 힘은 없다 바람과 물과 세월과

---

18) 송준, 위의 책, 320면.

같이 지나가고 없다

― 「북방에서― 정현웅에게」 부분

시적 주체가 민족사적 고향을 찾아 떠도는 이 작품은 만주로 가서 쓴 시 중에서는 초기작에 속한다. 이때만 해도 고국을 떠나야 하는 백석 개인의 참담한 정서가 민족적 정서와 연결되어 있었다고 봐야 할 것이다.[19] 이 시에 나오는 '나'는 백석 개인인 동시에 우리 민족이기도 하다.[20] 여기서 나오는 시적 주체는 민족사적 자아이다.

시적 주체는 자신이 아득한 옛날 우리 민족의 태반이던 북만주를 떠난 것을 후회하고 있다. 지금 시적 주체는 민족사적 고향을 찾아 역사를 거슬러 올라가고 있다. 시적 주체는 까마득한 옛날 원주민 내지 원시부족이 사는 땅을 떠나 한반도로 내려왔다는 것을 뼈저리게 후회한다. 동물들만이 아니라, 자작나무와 이깔나무 같은 식물들도 슬퍼서 울던 것을 기억한다.

이렇게 원시부족과 동물과 식물과 울면서 헤어진 것도 잠시, 우리 민족이 따뜻한 한반도에 자리 잡으면서 북방기질, 강인한 생명력을 상실하게 되었다고 시적 주체는 탄식한다. 따사한 햇귀에서 하이얀 옷을 입고 매끄러운 밥을 먹고 단 샘을 마시고 낮잠을 자면서부터, 소위 문명생활을 하면서부터 나약해진 것을 가슴 아파 한다. 그렇게 나약해져 있음에도 불구하고 자신의 부끄러움을 모르고 살아왔다는 것을 토로하고 있다.

문명을 상징하는 돌비는 깨어지고 많은 은금보화가 땅에 묻혔다는 것은 나약해진 주체가 몰락했다는 것을 의미한다. 까마귀가 긴 족보를 이루었다는 것도 그것을 반증한다. 아득한 새 옛날이 비롯되는 때, 파

---

19) 신범순, 앞의 논문, 194면.
20) 남기혁, 「'또 다른 고향'의 환상에서 벗어나기」, 이숭원 외 26인 지음, 『詩의 아포리아를 넘어서』, 이룸, 2001, 137면.

괴되고 훼손된 국가 내지 민족공동체를 새로 일으키려는 시적 주체는 이기지 못할 슬픔과 시름에 쫓겨 자신의 태반 - 옛 하늘과 옛 땅으로 되돌아온다. 그러나 민족사의 선험적 고향으로 생각하던 북만주로 돌아왔으나 모든 것이 변해 있다. 이제 나의 조상도 형제도 그리운 것도 사랑하는 것도 우러르는 것도 없다고, 바람과 물과 세월과 같이 지나가고 없다고 허무하게 토로하고 있다.

이렇게 민족사적인 선험적 고향을 찾다가 실패한 시적 주체는 개인사적으로 더욱더 침통하게 우울한 기분에 빠지게 된다. 「南新義州 柳洞 朴時逢方」은 시적 주체의 개인사적인 나그네 생활이 얼마나 고통스럽고 참담했던가를 잘 보여준다.

어느 사이에 나는 아내도 없고, 또,
아내와 같이 살던 집도 없어지고,
그리고 살뜰한 부모며 동생들과도 멀리 떨어져서,
그 어느 바람 세인 쓸쓸한 거리 끝에 헤매이었다.(중략)
그러나 잠시 뒤에 나는 고개를 들어,
허연 문창을 바라보든가 또 눈을 떠서 높은 턴정을 쳐다보는 것인데,
이 때 나는 내 뜻이며 힘으로, 나를 이끌어 가는 것이 힘든 일인 것을
생각하고,
이것들보다 더 크고, 높은 것이 있어서, 나를 마음대로 굴려 가는 것을
생각하는 것인데,(중략)
나는 이런 저녁에는 화로를 더욱 다가 끼며, 무릎을 꿇어 보며,
어니 먼 산 뒷옆에 바우섶에 따로 외로이 서서,
어두워 오는데 하이야니 눈을 맞을, 그 마른 잎새에는,
쌀랑쌀랑 소리도 내며 눈을 맞을,
그 드물다는 굳고 정한 갈매나무라는 나무를 생각하는 것이었다.
— 「남신의주 유동 박시봉방」 부분

시적 주체는 어느 사이에 아내도 집도 없어지고 부모도 동생들과도 멀리 떨어져 외롭고 쓸쓸하게 살고 있다. 즉 고향을 잃어버리고 어느 바람 센 거리 끝에서 혼자 헤매고 있다. 이 시의 시적 주체는 선험적 고향을 찾아 떠도는 나그네로 지금 남신의주 유동에 있는 박시봉이라는 목수 집에 일시적으로 머물고 있다. 습기가 차고 춥고 누긋한 냄새가 나는 방에서 혼자 뒹굴며 자신의 슬픔이며 어리석음을 소처럼 연하여 새김질하고 있다. 그는 자신의 슬픔과 어리석음에 눌리어 죽을 수밖에 없는 것을 느끼고 있다.

그러다가 발상의 전환을 하게 되는데, 자기가 지금까지 살아온 것은 자기 뜻이나 힘에 의한 것이 아니라는 것, 이것들보다 크고 높은 어떤 운명적인 힘이 자신을 마음대로 굴려가는 것이라는 생각에 이른다. 이것은 일종의 운명론적 세계관인데[21], 그것은 나름대로 시적 주체로 하여금 허무주의에 빠져 허우적거리는 것을 막아주는 힘이 된다. 이 시기 이러한 운명론은 개인적으로나 민족적으로나 도저히 어찌할 수 없이 덮쳐오는 파시즘의 한파 앞에서 소극적이나마 자신을 지키는 방책이 된다.

이러한 운명론적 세계관을 지니고부터 시적 주체의 어지러운 마음속에서 슬픔이나 한탄 같은 것, 부정적인 감정들은 앙금이 되어 차츰 가라앉는다. 이제 시적 주체에게는 외로운 생각만이 남아있다. 저녁 무렵에 살랑살랑 싸락눈이 내려와 문창을 치기도 하는데, 이때 시적 주체는 화롯불을 바싹 당겨서 껴안고 무릎을 꿇는다. 이것은 삶에 대한 경건한 자세이다. 그 경건한 자세는 어느 먼 산에 따로 외로이 서서 눈을 맞고 있을 갈매나무를 생각하면서 취해진 것이다. 이 갈매나무는 시적 주체처럼 드물고 굳고 정갈하다.

---

21) 김재홍, 앞의 논문, 195~200면.
　　최두석, 앞의 논문, 301~306면.
　　김종태, 앞의 책, 116~126면.

이 갈매나무가 서있는 공간은 시적 주체가 회복하고 싶어 하는 선험적 고향이 된다. 갈매나무는 시적 주체인 나그네가 동화되기를 꿈꾸는, 모방하기를 소망하는 본질적 세계, 곧 선험적 고향의 상징적 존재가 된다고 볼 수 있다. 이처럼 시적 주체는 자신을 갈매나무와 동일시함으로써 허무주의에서 벗어나고 있다. 이러한 긍정적인 운명론은 이 시기 다른 작품 「흰 바람벽이 있어」에서도 아름답게 형상화되고 있다. 〈하늘이 이 세상을 내일 적에 그가 가장 귀해하고 사랑하는 것들은 모두/ 가난하고 외롭고 높고 쓸쓸하니 그리고 언제나 넘치는 사랑과 슬픔 속에 살도록 만드신 것이다/ 초생달과 바구지꽃과 짝새와 당나귀가 그러하듯이/ 그리고 또 '프랑시스 쨈'과 陶淵明과 '라이넬 마리아 릴케'가 그러하듯이〉.[22] 이처럼 식민지 시대, 아니 근대 일반을 통해 선험적인 고향, 본질적 세계를 찾아 떠도는 시인은 그렇게 가난하고 외롭고 높고 쓸쓸하게 살도록, 그리고 언제나 넘치는 사랑과 슬픔 속에서 살게끔 운명지어져 있을 것이다.

5. 꼬리말

본고에서는 지금까지 백석의 시에 나타난 나그네 의식을 살펴보았다. 그 대상을 만주시절에 국한시키지 않고 그의 시작 행위 전반과 관련지어 살펴보았다. 먼저 시집 『사슴』에 실려 있는 초기시들부터 살펴보았다. 초기시에는 나그네가 전면에 노출되어 있지 않았지만, 작품 이면에 들어있는 것으로 보았다. 초기시에는 선험적 고향을 동경하는 향수가 보였다. 「정주성」, 「정문촌」 같은 시에서는 이미 파괴된 선험적 고향에 대한 회상이 보였다. 이 회상의 주체는 경성에서 나그네로 살고

---

22) 이동순 편, 『백석시전집』, 창작과비평사, 1987, 110면.

있었다. 그리고 「夏畓」, 「모닥불」 같은 시에서는 이미 파괴된 선험적 고향을 문학적으로 복원하는 작업이 보였다. 여기서 제시되는 이상적인 고향 마을은 인간과 자연, 계급과 신분의 구별이 없는 소박한 민족 공동체, 동양적인 낙원의 모습을 보이고 있다.

시집 『사슴』 이후에서부터 만주로 가기 전까지 백석은 여행을 많이 했는데, 이 여행과 관련된 시를 중기시로 보고 나그네 의식과 관련지어 살펴보았다. 남행시초 연작에는 남부지방의 풍물이 나타난다. 그 풍물들은 소박하지만 아름답게 살아가는 지역 주민들의 삶을 이해하는 매개물로 나타난다. 시적 주체의 눈에 보이는 남부지방의 삶은 인간과 자연이 행복하게 어울린 제유적 삶의 방식이었다.

함주시초 연작에서는 관북지방의 풍물을 노래하고 있는데, 그 풍물들이 관북지방 사람들의 강인한 삶과 연결되고 있다. 「추야일경」 같은 시에서는 관북 사람들이 살아가는 아름답고 소박한 모습들이 보인다. 여기서도 제유적인 세계관이 보인다.

서북지방을 여행하고 쓴 서행시초 연작에서도 그 지방 풍물이 소개되고 있다. 여기에서도 시적 주체가 줄곧 선험적 고향을 찾고 있다는 것을 알 수 있다. 「北新」 같은 작품에는 북방인, 특히 고구려인의 강인한 생명력을 회상하는 대목이 보인다. 이는 일제말기 민족사적 고향을 찾아 헤매는 시적 주체를 연상시킨다.

만주로 간 시점부터 해방 후 신의주에 머물기까지를 후기시로 보고 거기에 나타난 나그네 의식을 살펴보았다. 만주로 간 직후 그에게는 민족사적 고향을 찾아 헤매는 모습이 보인다. 「북방에서」라는 작품이 그러한데, 여기서 시적 자아는 북만주를 우리 민족의 선험적 고향이라 보고 그쪽을 답사한다. 시적 주체가 우리 민족의 태반인 북만주로 돌아왔으나 그곳에서도 이미 모든 것이 파괴되고 없음을 통탄하고 있다.

이렇게 민족사적으로나 개인사적으로 떠도는 중에 허무의식에 빠진 적도 있으나, 「흰 바람벽이 있어」나 「남신의주 유동 박시봉방」 같은 작품을 통해 허무의식으로부터 벗어나게 된다. 그것은 그가 지니게 된 긍정적인 운명론적 세계관 때문이다. 이 긍정적인 운명론으로 인해 그는 일제말기 미친바람처럼 불어 닥치는 파시즘의 한파 속에서 자신을 지킬 수 있게 되었다.

마지막으로 그의 시에는 모더니즘적 창작방법이 많이 나타난다. 시의 내용은 토속적인데, 표현방법은 세련된 이미지즘 기법이다. 이 둘을 하나로 연결시켜 줄 수 있는 고리는 바로 나그네가 갖는 미적 태도이다. 나그네는 관찰의 미학을 지니고 있다. 관조와는 달리 관찰의 방법은 사물들 속으로 깊이 들어가지 않는다. 지나가면서 눈에 보이는 대로 묘사하는 특징을 보이고 있다. 그래서 모더니즘적인 나열의 기법이 드러나는 것이다. 백석 시의 주체인 나그네는 제유적 세계관으로 사물들을 바라보고 있다. 모든 사물들 간의 부분적 독자성과 내적 연속성을 파악하는 이 제유적 세계관은 이미지즘적 기법을 수용하기에 적절하다고 보여진다.

참 고 문 헌

고형진, 「백석시 연구」, 고형진 편, 『백석』, 새미, 1996, 64~71면.

고형진 편, 『정본 백석 시집』, 문학동네, 2007.

금동철, 「훼손된 민족공동체와 그 회복의 꿈: 백석론」, 조창환 외 13인 공저, 『한국현대시인론』, 한국문화사, 2005, 257~264면.

김명인, 「백석시고」, 고형진 편, 『백석』, 새미, 1996, 87~93면.

김용직, 『한국현대시사 2』, 한국문연, 1996.

김재홍, 「민족적 삶의 원형성과 운명애의 진실미」, 고형진 편, 『백석』, 새미, 1996, 195~200면.

김종태, 『한국현대시와 전통성』, 하늘연못, 2001.

남기혁, 「'또 다른 고향'의 환상에서 벗어나기」, 이숭원 외 26인 공저, 『시의 아포리아를 넘어서』, 이룸, 2001, 137면.

박주택, 『낙원회복의 꿈과 민족정서의 복원』, 시와시학사, 1999.

박태일, 「백석 시의 공간현상학」, 고형진 편, 『백석』, 새미, 1996, 226~231면.

송기한, 『한국현대시사탐구』, 다운샘, 2005.

송준, 『백석시전집』, 학영사, 1995.

신범순, 『한국현대시사의 매듭과 혼』, 민지사, 1992.

오세영, 『한국현대시인연구』, 월인, 2003.

윤여탁, 『시의 논리와 서정시의 역사』, 태학사, 1995.

이동순 편, 『백석시전집』, 창작과비평사. 1987.

이숭원, 『백석 시의 심층적 탐구』, 태학사, 2006, 37면.

이숭원, 「풍속의 시화와 눌변의 미학」, 정효구 편저, 『백석』, 문학세계사, 1996, 275~280면.

이효석, 『이효석 전집 7』, 창미사, 1983.

임철규, 『왜 유토피아인가』, 민음사, 1994.

정효구, 「백석의 삶과 문학」, 정효구 편저, 『백석』, 문학세계사, 1996, 208~214면.

최두석, 「백석의 시세계와 창작방법」, 고형진 편,『백석』, 1996, 148~153면.

루카치, G.,(반성완 역),『루카치 소설의 이론』, 심설당, 1985.

박목월 시의 나그네 의식

1. 머리말

　근대 이후 문학의 중요한 특징 중 하나로 '고향 찾기'를 들 수 있다. 특히 낭만적 비전으로 씌어진 문학작품에는 이 고향 찾기가 유달리 두드러진다. 근대화란 곧 산업화를 의미하는데, 이 산업화의 과정 속에 소위 선험적 고향1)이 상실되는 것은 보편적인 현상이다. 그리고 선험적 고향이란 곧 동일성의 고향2)이기도 한데, 이 동일성의 고향은 인간과 자연과 신이 총체적으로 하나로 동화되어 있는 세계이다. 이러한 총체성은 낭만적 서정시가 추구하는 유토피아적 기획과 맞닿아 있다. 근대 이후 낭만적 서정시는 잃어버린 유토피아의 회복을 목표로 하고 있다.

　낙원회복을 지향한다는 의미에서 근대 이후 낭만적 서정시에 나타나는 시적 주체는 나그네의 얼굴을 하고 있는 경우가 많이 있다. 나그네란 고향을 잃고 떠도는 존재이다. 언젠가 그 고향으로 돌아갈 것을 꿈꾸고 있는 존재이다. 나그네는 자신이 머물고 있는 지금-이곳에 대해서는 전혀 만족을 느끼지 못하고 있다. 그러나 그가 꿈꾸는 고향은 이미 사라진 지 오래이다. 그는 지상에 전혀 존재하지 않는 세계를 꿈꾸

---

1) 게오르그 루카치(반성완 역), 『루카치 소설의 이론』, 심설당, 1985, 29면.
2) Ernst Bloch, The Principle of Hope, N. Plaice, P. Knight 공역(Oxford: Blackwell), p.203. 임철규, 『왜 유토피아인가』, 민음사, 1994, 29면에서 재인용.

고 있다. 이것이 근대 이후 나그네가 처해 있는 비극적 정황이다. 근대 이전에 존재하던 나그네의 운명과 근본적으로 다르다는 것이다. 근대 이전에는 나그네에게 돌아갈 고향이 상존하고 있었던 것이다.

이 논문에서는 박목월 시에 나타난 나그네 의식을 집중적으로 연구하고자 한다. 지금까지 박목월의 시에 나타난 고향의식 내지 근원의식을 연구한 논문들3)은 더러 있지만, 나그네 의식을 다룬 것은 거의 없다. 사실 나그네 의식은 고향 내지 근원의식과 표리관계를 이루고 있다. 고향 내지 근원이란 나그네가 찾아다니는 이상세계에다 초점을 맞춘 것이고, 나그네란 그 이상세계를 찾아다니는 서정적 주체에다 초점을 맞춘 것이다. 박목월의 경우 나그네인 서정적 주체를 중점적으로 연구하는 것은 낭만적 서정시의 특질을 밝히는 중요한 의미가 있다. 박목월은 『청록집』에 실려 있는 초기시에서부터 『경상도의 가랑잎』, 『어머니』에 실려 있는 중기시를 거쳐 『크고 부드러운 손』에 이르는 후기시에 이르기까지 순수자연이나 고향 경상도, 본향인 천국 등의 유토피아를 찾아다니는 나그네의식을 보여주고 있다. 여기서는 박목월의 낭만적 서정시에 나타난 나그네를 통해 새로운 관점에서 근대인의 의

---

3) 김재홍, 『한국현대시인연구』, 일지사, 1986.
한광구, 『목월시의 시간과 공간』, 시와시학사, 1993.
김용직, 「동정성과 향토정조 – 박목월론」, 『한국현대시사 2』, 한국문연, 1996.
이희중, 「박목월 시의 변모과정」, 『현대시의 방법 연구』, 월인, 2001.
김재홍, 「목월시의 성격과 시사적 의미」, 박현수 편, 『박목월』, 새미, 2002.
박현수, 「초기시의 기묘한 풍경과 이미지의 존재론」, 박현수 편, 『박목월』, 새미, 2002.
유성호, 「지상적 사랑과 궁극적 근원을 향한 의지」, 박현수 편, 『박목월』, 새미, 2002.
이숭원, 「환상의 지도에서 존재의 탐색까지」, 박현수 편, 『박목월』, 새미, 2002.
엄경희, 『미당과 목월의 시적 상상력』, 보고사, 2003.
오세영, 『한국현대시인연구』, 월인, 2003.
금동철, 「박목월 시에 나타난 기독교적 자연관 연구」, 『우리말글』 32집, 우리말글학회, 2004.

식지향을 살펴보는 계기를 마련하고자 한다.

이 나그네는 작품의 문면에 직접 노출되지 않는 경우가 많다. 그것은 서정적 주체 내지 화자가 바로 나그네 자신일 경우 문면에 나타나지 않을 수 있기 때문이다. 이때 나그네는 함축적인 화자로 활동하고 있는 경우가 많다. 그리고 근대 이후 대부분의 사람들이 이러한 나그네로 살아가기 때문에 매번 의식을 하지 못할 경우도 있다고 봐야 할 것이다. 나그네가 직접 작품 문면에 나타나지 않더라도 작품 속에 나그네 의식은 들어갈 수 있다. 여기에 이르면 근대 이후 낭만적 서정시의 경우, 나그네 의식은 하나의 본질적이면서도 보편적인 현상으로 볼 수도 있을 것이다. 이 논문이 의도하는 바도 박목월의 낭만적 서정시를 통해 그러한 보편적인 현상을 찾아보고 확인해 보는 것이다.

2. 영원한 고향 자연을 동경하는 나그네

『청록집』이나 『산도화』에 실려 있는 그의 초기 작품에는 강한 낭만적 비전이 들어있는데, 이 강한 낭만적 비전은 나그네 의식과 관련되어 있다. 그의 초기작이 씌어질 무렵 박목월을 둘러싼 현실적 상황은 절망 그 자체였다. 그의 초기 시에는 식민지 현실 대 이상적인 자연이라는 대립적 구도가 자리잡고 있다.[4] 식민지 현실이 암담한 만큼 이상적인 자연을 허구적으로 설정하고 그것을 찾아 헤매는 모습을 군데군데서 볼 수 있다.

그의 초기 시에 나타난 이상적인 자연은 하나의 영원한 고향으로 나

---

[4] 박목월의 시가 주로 이항대립적 구도에 의거하여 제작되었음을 밝힌 작업으로 금동철의 논문이 있다.
금동철, 「박목월 시의 텍스트 생산 연구」, 서울대학교 대학원 석사학위논문, 1994.

타난다. 이는 김소월 이래로 한국의 낭만적 서정시에 나타나는 보편적 현상이다.[5] 물론 여기서 나타나는 이상적인 자연은 하나의 관념으로서 존재한다. 관념으로서 존재한다는 의미에서 그것은 하나의 이데아이다. 여기서는 이데아로 나타난 이상적인 자연과 그것을 찾아 헤매는 나그네로서의 서정적 주체간의 상호 관계에 대해 살펴보겠다.

강나루 건너서/ 밀밭 길을

구름에 달 가듯이/ 가는 나그네

길은 외줄기/ 南道 三百里

술 익는 마을마다/ 타는 저녁 놀

구름에 달 가듯이/ 가는 나그네

―「나그네」 전문

위의 작품에는 매우 이상적인 농촌의 모습이 그려져 있다. 물이 많이 흐르는 강이 전면에 부각되어 있다. 물이 많이 흐르는 강은 풍요를 상징한다고 할 수 있다. 그 강을 건너면 밀밭이 끝없이 펼쳐져 있다. 그 강의 나루와 밀밭 근처에는 마을이 자리를 잡고 있는데, 마을마다 술이 익고 있다. 이렇게 아름답고 풍요로운 농촌 마을은 하나의 유토피아요, 이데아이다.[6] 그것은 수탈 받는 식민지 현실 공간의 농촌이 아니다.

---

5) 김동리는 박목월의 초기 시에 나타나는 자연이 너무 특이성에 사로잡혀 일반적, 보편적 성격과 거리가 멀다고 비판하고 있다. 이에 대해 김용직은, 당시가 일제하라는 시대적인 이유에서 그리고 서정시가 원래 사적인 장르라는 이유에서, 박목월의 초기 자연서정시가 보편성을 지니고 있다고 주장한다.
김동리, 「문학적 사상의 주체와 그 환경」, 『문학과 인간』, 백민문화사, 1958, 91면.
김용직, 「동정성과 향토정조-박목월론」, 『한국현대시사 2』, 한국문연, 1996, 520~523면.

위의 시에서 서정적 주체인 나그네는 현실적 농촌을 모방하고 있는 게 아니다. 응당 있어야 할 농촌, 미래 언젠가는 이 땅에 도래해야 할 이상적인 농촌을 모방하고 있다. 달리 말해서 이데아로서의 농촌을 모방하고 있다. 즉 낙원회복의 꿈을 노래하고 있다. 언젠가 이 땅에 있었던 이상적인 농촌공동체를 회복하고 싶은 것이다. 여기에는 낭만적 비전이 뚜렷하게 나타나고 있다. 현실이 불모지일수록 유토피아에 대한 꿈은 그만큼 더 강렬해지는 법이다.

위의 시가 이상적인 농촌을 허구적으로 제시하고 있다는 것은 이 작품이 제작된 배경을 살펴보면 쉽게 이해된다. 이 시는 박목월의 고향 모량리를 모델로 하고 있다.[7] 모량리에는 乾川이라는 하천이 흐르는데, 이름 그대로 일 년 내내 물이 거의 흐르지 않는 마른 하천이다. 따라서 근처 논밭이 풍요로울 수 없는 것은 뻔하다. 그런데, 시에서는 물이 많이 흐르는 풍요로운 강으로 바뀌어져 있다. 현실적으로 모량리는 지리학적 여건 때문에, 그리고 시대적인 상황 때문에 결코 풍요로운 공간이 아니었을 것이다. 그리고 일제 말기에 마을마다 술 익는 냄새가 났다는 것도 현실적으로는 이해가 되지 않는다. 이것은 앞에서도 말했듯이, 박목월이 이 땅에 도래해야 할 이상적인 농촌의 모습을 문학적으로 선취하여 표현했기에 가능한 것이다.

그런데, 위의 시에서는 이상적인 고향 마을을 문학적으로 만들어 놓고도 훌훌 떠나가는 나그네의 모습을 볼 수 있다. 그 나그네는 이 이상적인 마을에 완전히 동화되지 못하고 있다고 보아야 할 것이다. 구름에 달 가듯이 간다는 말을 두 번이나 하는 것을 봐서도 동화되지 못하는

---

6) 김준오, 『시론』, 삼지원, 1997, 21면.
  유성호는 박목월 초기 시에 나타나는 이러한 이상적 자연을 시적 주체의 신성지향성 내지 근원지향성이 낳은 '에덴'의 모습으로 보고 있다.
  유성호, 「지상적 사랑과 궁극적 근원을 향한 의지」, 박현수 편, 『박목월』, 새미, 2002, 206면.
7) 박동규 외 70인, 『정다운 인연설』, 월인, 2004, 210면.

나그네의 모습을 볼 수 있다. 이 이상적인 농촌 마을 앞에서도 나그네
는 고독하고 외로운 모습을 보여주고 있다. '길은 외줄기'라는 시구를
통해 알 수 있다. 현실과 타협할 수도 없고 자신이 창조한 이상적인
농촌에 완전히 동화될 수도 없는 번민에 사로잡힌 나그네의 길은 외줄
기일 수밖에 없는 것이다.

  박목월의 초기 시에는 자신이 꿈꾸는 이상적인 세계를 만들어 제시
해 놓고도 나그네인 서정적 주체가 거기에 쉽게 도달하지 못하거나 동
화되지 못하고 어정쩡한 상태에서 괴로워하는 모습이 자주 나타난다.
다음 작품에서도 그러한 나그네를 발견할 수 있다.

> 머언 산 靑雲寺/ 낡은 기와집
>
> 산은 紫霞山/ 봄눈 녹으면
>
> 느릅나무/ 속ᄉ잎 피어가는 열두 구비를
>
> 靑노루/ 맑은 눈에
>
> 도는/ 구름
>
> ─「靑노루」 전문

  이 작품에서도 나그네가 찾아다니는 이상적인 세계로서의 자연이 보
인다. 박목월의 말대로,[8] 멀리 떨어진 청운사나 자하산, 그리고 그 속
에 살고 있는 청노루 등은 이 세상에 실제로 존재하는 것들이 아니다.
파시즘의 한파가 몰아닥치는 지금─이곳의 현실에서는 발견할 수가
없는, 시인 박목월이 상상적으로 만들어낸 지도 속에 존재하는 것들이
다. 속세로부터 멀리 떨어진 이 공간은 파시스트적 속도를 초월해 있

---

8) 박목월, 『보랏빛 소묘』, 신흥출판사, 1958, 83면.

다. '낡은 기와집'이라는 구절에서 우리는 무시간성 내지 영원성을 사모하는 나그네인 시적 화자의 마음을 읽을 수 있다. 나그네가 꿈꾸는 이 반파시즘적 세계는 느릅나무 속잎이 피어나고 있는 열두 구비 너머에 초월적으로 존재한다.

그런데 이러한 반파시즘적인 초월적 공간을 창조해 놓고도 나그네는 그 속에 쉽게 동화되지 못하고 있다. 자신이 창조해낸 이상세계에, 간절하게 모방하고 싶은 이데아 세계에 완전히 동화되지 못하고 있는 모습은 나그네가 처해 있는 위치를 통해 알 수 있다. 나그네는 지금 완전히 이상세계 속으로 들어가 있지도 타락한 세속세계에 빠져 있지도 않다. 나그네는 중간쯤에서 이러지도 저러지도 못한 채 번민하고 있다.

이러한 정신적 방황은 '느릅나무/ 속잎 피어나는 열두 구비'라는 시구에서 읽을 수 있다. 박목월의 말대로[9], 느릅나무는 결코 태산준령에 자라는 나무가 아니다. 오히려 속취가 분분한 야산 수목이다. 이 느릅나무는 나그네가 속세를 떠나 청노루가 살고 있는 청운사, 자하산과 같은 '영원한 고향으로서의 자연'으로 들어가는 중간인 열두 구비 위에 서있다. '열두 구비'라는 말에서 속세를 떠나 영원한 고향으로 들어가는 길이 얼마나 힘들고 고통스러운지 짐작하게 된다. 박목월은 그러한 고통을 미급한 해탈, 몸부림, 心惱[10]라고 술회하고 있다.

이와 같이 위의 작품에서도 나그네인 서정적 주체는 이상적인 고향으로서의 초월적 자연을 창조해 놓고 그 속에 완전히 동화되지 못하는 것을 살펴볼 수 있었다. 이것은 시인의 정직성에서 생겨나는 문제로 보인다. 진정성이 느껴지는 낭만적 서정시의 경우, 이러한 아이러니와 그로 인한 비극성은 어쩔 수 없는 것으로 보인다.[11]

---

9) 박목월, 위의 책, 84면.
10) 박목월, 위의 책, 84면.
11) 오세영도 박목월의 초기 자연서정시에 낭만적 아이러니가 나타난다고 지적하고 있다.
오세영, 「영원 탐구의 시학」, 『한국현대시인연구』, 월인, 2003, 523면.

松花가루 날리는/ 외딴 봉오리

윤사월 해 길다/ 꾀꼬리 울면

산지기 외딴 집/ 눈 먼 처녀사

문설주에 귀 대이고/ 엿듣고 있다

─「윤사월」 전문

위의 작품도 박목월이 마음으로 만들어낸 상상적 공간을 바탕으로
하고 있다. 송홧가루가 날리는 외딴 봉우리는 영원성이 깃들어 있는
공간이다. 송홧가루가 날린다는 것은 소나무가 있다는 것을 의미한다.
소나무는 잣나무, 바위 등과 더불어 우리 민족에게 영원성의 상징이다.
게다가 외딴 봉우리는 세속으로부터 격리되고 구별된 신성한 공간이
다. 이렇게 영원하고 신성한 공간은 산지기 외딴집의 눈 먼 처녀로 인
해 순결성까지 확보한다.

나그네인 시적 화자가 동경하는 이상적인 고향으로서의 자연은 이처
럼 신성성, 영원성, 순결성을 지니고 있는 공간이다. 그런데 이러한 이
상적인 영원한 고향으로서의 자연 세계에 깊숙이 참례할 수 있는 존재
는 눈 먼 처녀 같이 순결한 사람에 한정된다. 문설주에 귀를 대고 자연
이 내는 깊은 침묵의 소리, 신비한 소리를 들을 수 있는 존재는 그런
눈 먼 처녀뿐이라 할 수 있다. '눈 먼 처녀'라는 말 속에는 점점 더 파시
즘 체제로 침윤되어 가는 식민지 현실에 대한 '위대한 거부'의 의미가
들어있다. 타락한 자본주의 현실을 쳐다보지 않겠다는 시인의 의지가
투영되어 있다고 할 수 있다. 자본주의 세속 세계와 순결하고 신성한
공간 사이에서 번민하는 나그네 같은 서정적 주체에게는 그러한 자연
의 심오한 세계로 들어가는 길이 쉽게 발견되지 않을 것이다. 이처럼
이 작품에서도 나그네인 서정적 주체는 자신이 창조한 이상적인 자연

에 쉽게 완전히 동화되지 못하는 모습을 보여주고 있다.

이와 같이 나그네인 서정적 주체가 자신이 꿈꾸는 이상세계를 만들어 미리 제시해 놓고 그 속으로 깊이 들어가지도 완전히 동화되지도 못하는 모습을 여러 차례 확인했다. 이는 낭만적 서정시의 보편적 현상이라고 할 만하다.

3. 낙토 경상도 땅을 그리워하는 나그네

극도로 타락한 일제시대에 순수자연을 동경하는 낭만적 비전을 보이던 박목월은 시집『蘭·기타』(1958년 간행)와『청담』(1964년 간행)에 이르러 일상성에 침윤한 생활서정시를 일관되게 보여준다.[12] 이 시기 작품에 나타나는 시적 화자 내지 서정적 주체들은 한결같이 비전을 상실한 소시민으로 나타난다. 작품「가정」에서 보이듯, 시적 주체는 주로 가족 간의 사랑에다 헌신하고 있다. 가족을 사랑하는 부성애를 보이는 시적 주체는 방향감각 없이 타락한 현실세계 속에서 표류하듯 방황하고 있다. 방향감각이 없고 이념도 상실한 터라 초기시에 일관되게 나타나던 대립적 구도도 사라진다. 따라서 시적 긴장도 사라진다.

그러다가 시집『경상도의 가랑잎』(1968년 간행)과『어머니』(1968년 간행)에 이르러 사라진 자연이 다시 등장하고 고향이 시의 주된 모티브로 떠오른다. 이는 박목월이 다시 꿈꾸는 시인, 낭만적 시인으로 돌아왔다는 것을 의미한다. 박목월은 자연이나 고향에 대한 낭만적 꿈을 꾸면서 자신이 살고 있던 1960년대 후반 서울에서의 불모지적인 생활을 극복하고자 했던 것이다. 이제 다시 작품 속에 대립적 구도가 회복

---

12) 김재홍,「목월 시의 성격과 시사적 의미」, 박현수 편,『박목월』, 새미, 2002, 75~78면.
문흥술,「박목월의 생애와 문학 」, 박현수 편,『박목월』, 새미, 2002, 18면.

되고 시적 긴장도 살아나기 시작했다. 이 시기의 대립적 구도는 '혼탁한 도시생활'과 '고향 경상도 땅' 사이에서 일어난다. 고향 경상도 땅은 서울서 방황하던 나그네인 시적 화자에게 동경의 대상, 모방의 대상으로 떠오른다.

박목월이 시집 『경상도의 가랑잎』과 『어머니』를 통해 일관되게 보여주는 것은 고향 경상도 땅이 낙토라는 것이다. 물론 이것은 시인이 허구적으로 만들어낸 유토피아에 지나지 않지만, 1960년대 후반기의 문학을, 그 시대 한국인의 보편적인 정서와 꿈을 이해하는 데 중요한 단서가 될 수도 있다. 유토피아 의식은 항상 나그네 의식을 동반하고 있다. 오히려 나그네 의식이 앞서고 유토피아 의식이 뒤따른다고 보아야 옳을 것이다.

> 水質 좋은 경상도에,/ 연한 푸성귀/ 나와/ 나의 형제와
> 마디 고운 수너리 斑竹/ 사람 사는 세상에
> 完全樂土야 있으랴마는/ 木器 같은 사투리에
> 푸짐한 시루떡./ 처녀애./ 처녀애./ 통하는 처녀애.
> 니 마음의 잔물결과/ 햇살싸라기.
>
> ─ 「푸성귀」 전문

1960년대 후반은 이 땅에 본격적인 산업화의 바람이 불어 자본주의적인 삶이 그 모순을 노정하기 시작하던 때이다. 이러한 시대적인 배경하에 자생적인 한국 토종 낭만주의가 발흥하던 때이기도 하다. 당시 서울에서 살고 있던 박목월은 드디어 지금까지 자신을 지배하고 있던 도시의 일상적 감옥으로부터 탈피를 시도한다. 시집 『경상도의 가랑잎』은 도시 생활에서 피로해진 나그네가 고향 경상도 땅을 여행하면서 쓴 시들로 구성되어 있다.

경상도 땅은 수질 좋은 곳으로 묘사되고 있다. 수질이 좋다는 것은 살기가 좋고 생활이 넉넉하다는 것을 의미한다. 그곳에 가면 연한 푸성

귀가 많아 사람들도 식물성을 띠어 순하다. 또한 고향 경상도 땅에 가면 나그네인 시적 화자와 화자의 형제들이 마디 고운 수너리 반죽과 혼연일체가 된다. 사람 사는 세상에 완전한 낙토야 없겠지만, 나그네인 시적 화자는 자신이 꿈에도 못 잊는 고향이야말로 낙토 그것이라고 생각하고 있다.

거기에 가면 목기 같은 사투리를 접하게 되고 푸짐한 시루떡을 먹을 수 있다. 목기 같은 사투리와 푸짐한 시루떡은 나그네가 찾아 헤매는 낙토의 제유적 사물들이다. 목기 같은 사투리는 경상도 땅에서 들을 수 있는 투박한 사투리이다. 『경상도의 가랑잎』에는 사투리로 쓴 작품이 많이 보인다. 사투리란 고향의 일부이다. 즉 자연의 일부로 존재하는 자연스런 언어이다. 사투리 속에는 아무리 세월이 흘러도 용해되어 공기 중에 사라지지 않는 '단단한 그 무엇'이 절대적인 가치로 존재하고 있다. 박목월이 사투리를 작품 안에서 의식적으로 사용한다는 것은 그가 사투리를 쓰는 고향 사람들과 고향에 동화되고 싶어 한다는 것을 은연중 드러내고 있다. 사투리에는 사물들 사이의 경계와 분별을 없애는 힘이 들어있기 때문이다.[13] 그리고 사투리는 근대화를 촉진시키는 표준어에 비해 반근대적인 언어이다. 이 시기 박목월이 작품 속에 의도적으로 사투리를 사용한다는 것은 당시 그가 지닌 반근대적 정서를 표출하는 셈이다.

박목월이 꿈꾸는 낙토는 소박한 것이다. 서구적인 화려한 유토피아가 아니라 자연 속에서 자연과 더불어 생로병사를 같이하는 게 바로 낙토적인 삶이라는 것이다. 그것이 바로 목기 같은 사투리와 푸짐한 시루떡이란 사물로 설명이 되는 것이다. 시루떡이란 부자나 귀족들이 먹는 고급스런 떡이 아니라, 서민들이 먹는 소박한 떡이다. 그런 소박

---

13) 박목월, 「한탄조」, 『박목월시전집』, 서문당, 1984, 254~256면.
"아즈바님/ 잔 드이소./ 환갑이 낼모랜데/ 남녀가 어디 있고/ 上下가 이닸는 기요./ 분별없이 살아도/ 허물될 게 없심더."

한 떡 속에 소박한 인심이 담겨있는 것이다. 당시 서울에서 살고 있던 나그네인 시적 화자는 바로 그러한 삶을 꿈꾸고 있는 것이다.

그리고 이런 낙토에서 발견할 수 있는 또 하나의 제유적 사물로 처녀애를 들 수 있다. 나그네인 시적 화자는 부끄럼 많은 경상도 '처녀애'가 마냥 좋아 짧은 시에서 세 번이나 반복해서 부르고 있다. 1960년대 경상도 땅에서 만날 수 있는 이 처녀애는 순수성 내지 순결성의 상징이 되고 있다. 이 순결한 아름다움은 처녀애의 마음속에 일어나는 잔물결과 그 잔물결 위에 떨어져 반짝이는 햇살싸라기라는 표현으로 형상화되어 있다.

> 팔목시계를 풀어놓듯/ 며칠 고향에서 지냈다./ 옛친구며
> 친구의 친구들과 어울려/ 술자리도 함께 하고
> 先山에도 가보고/ 나의 묏자리를 생각하며
> 산도 둘러보았다./ 진정 인생이란 무엇일까.
> 어린 날 내가 걷던 길을/ 거닐며 생각해보았다.
> 철 없는 젊은 날의/ 꿈과 야심과 사랑이여.
> 부질없는 허망 속에서/ 山 머리에
> 누구 것인지 모르는/ 墓石을 바라보며
> 고향에 돌아와서/ 비로소 나의 인생을 뉘우쳐 보았다.
> ―「고향에서」 전문

팔목시계를 풀어놓는다는 것은 근대적인 시간, 직선적인 시간으로부터 해방된다는 것이다. 나그네에게 있어서 고향이란 이렇듯 근대적인 시간을 벗어나 무시간의 세계로 들어갈 수 있는 세계이다. 이 무시간의 세계, 영원성이 자리하고 있는 공간에서 옛 친구며 친구의 친구들과 어울려 술자리도 함께한다. 오랫동안 친하게 지내는 친구는 편안하다. 오랜만에 만나도 서로 긴장할 필요가 없기 때문이다. 사람을 지치게 만드는, 낯선 사람들로 가득 찬, 정신없는 도시생활 속에서 변해버리고

정체성에 혼란이 온 나그네는 옛 친구들을 보는 순간 한없는 친밀감과 안도감을 갖게 된다. 그리고 거기서 진짜 아름다운 삶을 발견하게 된다. 서정적인 미란 친숙하고 익숙한 데서 오는 법이다.

이렇게 진정한 아름다운 삶을 발견한 나그네는 先山에도 가본다. 선산이란 조상들이 묻혀있는 곳이다. 앞에서 말한 사투리처럼 나그네에게 정체성을 가져다주는 사물이다. 선산의 묘는 이미 자연으로 돌아간 조상과 가족이 묻혀있는 곳이다. 선산이란 이미 자연 그 자체이고 고향과 긴밀히 연결되어 있다. 나그네는 언젠가 자신이 죽으면 이 선산에 와서 묻히고자 한다. 죽어서야 완전히 귀향하게 되리라 다짐하는 것이다.

그런데 한번 고향을 떠난 나그네는 그렇게 쉽게 돌아올 수 없다. 일시적으로 고향을 방문한 나그네인 시적 화자는 고향에 와서도 여전히 나그네이다. 낙토로서의 고향은 나그네인 시적 화자가 낭만적 이념을 투사해서 허구적으로 창조한 것에 지나지 않는다. 현실 속의 고향에도 일상이 있고, 그 일상 속에서 사람들은 근대적인 시간에 묶여있을 뿐이다. 나그네는 고향에 돌아와서 비로소 나의 인생을 뉘우쳐 보았다고 술회하고 있다. 이미 너무 늦은 귀환인 것이다. 나그네는 고향에 와서도 여전히 이방인인 것이다. 즉 고향 땅에 완전히 동화되지 못하는 존재인 것이다.

> 바다로 기울어진 사래 긴 밭이랑/ 아들은
> 골을 타고/ 어머니는 씨앗을 넣는다.
> 어느 시대이기로니/ 근심 없는
> 太平聖代만이 있으리요마는
> 밭머리에/ 환한 無名 꽃나무.
>
> 진실로/ 어느 시대이기로니
> 젖과 꿀이 흐르는 고을이 있으리요마는
> 밭머리에 나란히 벗어 둔

두 켤레 신발에/ 나비 한 마리.

해는 한낮으로 달아오르고
음력 삼월 초순의/ 눈부신 眺望을
사래 긴 밭이랑 끝에 남빛 바다의 잔잔한 고임.
　　　　　　　　　　　　—「바다로 기울어진」 전문

　시집 『어머니』의 시편들은 1960년대 후반기 서울에서 살고 있던 박
목월이 유년시절을, 어머니와 함께 보낸 고향을 그리워하며 쓴 것들이
다. 시적 화자의 몸은 서울에 머물면서 마음만 고향으로, 그것도 유년
시절로 돌아가 있는 것이다. 나그네인 시적 화자는 지금 상상으로 여행
을 하고 있는 것이다. 그가 그토록 돌아가고파 하는 유년시절의 고향은
시집 곳곳서 유토피아 내지 아카디아적인 것으로 그려지고 있다.
　이 유토피아 내지 아카디아적 삶은 서정적 주체가 어머니와 더불어
소외되지 않은 행복한 노동을 하고 있는 데서 보인다. 이러한 유토피아
내지 아카디아적인 삶을 제시하기 위해 시적 화자는 슬며시 바다를 작
품 속에 갖다 놓는다. 박목월이 유년 시절을 보낸 건천에는 바다가 없
을 뿐만 아니라, 보이지도 않는다. 이것은 서울에서 살고 있는 나그네
의 간절한 염원이 낳은 산물로 보아야 할 것이다.
　어머니와 아들은 완전히 자연에 동화되어 있다. 그것은 '밭머리에 환
한 무명 꽃나무'라는 구절과 '밭머리에 나란히 벗어둔 두 켤레 신발에
나비 한 마리'라는 구절을 통해 읽을 수 있다. 그들의 노동행위 또한
자연 사물의 자연스런 운동으로 보인다. 그냥 자연 속에서 자연과 더불
어 같이 움직이고 있을 뿐이다.
　이러한 유토피아 내지 아카디아적인 삶은 박목월이 어릴 때 고향 경
주에서 체험한 것인데, 나이 들어 기억 속에서 새롭게 변형되거나 더욱
더 이상적인 것으로 강화되어 나타난 것으로 보아야 할 것이다.

다정하게 포개진 접시들.// 윤나는 남비.
방마다 불이 켜지고// 제 자리에 놓인
포근한 의자.// 안락의자.
어머니가 계시는 집안에는// 빛나는 유리창과
차옥차옥 챙겨진 내의.// 새하얀 베갯잇에
네잎 크로버.// 아늑하고// 그득했다.

—「家庭」전문

　나그네인 시적 화자가 그토록 고향으로 돌아가고 싶어 하는 것은 어
머니 때문이기도 하다. 어머니가 존재하는 공간에는 모든 사물들이 조
화와 질서를 이루게 된다. 어머니가 있는 집에서는 모든 사물이 제 자
리에 놓여 제 본성을 발휘하고 있다. 접시들은 다정하게 포개져 있고
냄비에서는 윤기가 난다. 방마다 환하게 불이 켜지고 안락의자는 포근
해 보인다. 유리창은 빛나고 내의는 옷장 안에 차곡차곡 챙겨져 있다.
모든 것이 질서정연하고 아늑하고 그득하다.
　이상에서 살펴보았다시피 어머니는 가정의 중심이다. 어머니를 중
심으로 하여 만물들이 총체적 동일성을 이루고 있다. 여기서의 총체적
동일성은 제유적인 것이 아니고 은유적인 것이다. 제유적인 동일성에
는 사물들 사이에 유기적 관계가 보이지만, 초월적 중심이 존재하지
않는다. 반면에 은유적 동일성에는 초월적 중심이 자리하고 있다. 이
시기에 씌어진 「어머니의 미소」, 「어머니의 향기」와 「무지개를 빚으려
는」 등과 같은 많은 작품에서 어머니는 우주 자연, 고향과 구별되지
않는 존재로 나타난다.[14] 나그네인 시적 화자가 꿈꾸는 이상적인 고향
에서 어머니는 초월적인 존재가 되어 우주 만물 속에 편재하는 것으로
나타난다.[15] 세계의 근원으로서의 모성이 나타난다. 그리고 그 어머니

---

14) 김재홍, 『한국현대시인연구』, 일지사, 1986, 374~378면.
15) 박목월, 「어머니의 미소」, 『박목월시전집 』, 서문당, 1984, 340~341면.
　"겨우 收支均衡이 합치려는/ 생활의 계산 속에서/ 살며시 번진다./ 어머니의

는 절대자 하나님과 오버랩 되어 나타난다. 박목월에게서 어머니는 만물 속에 편재하는 존재이면서 나그네인 아들을 절대자 하나님께 인도하는 매개체가 된다. 하나님의 은혜와 사랑이 모성적 형상을 통해 아들인 나그네에게 전달되고 있다. 이러한 이상적이고 초월적인 어머니는 나그네인 시적 화자가 모방하고 싶은, 동화되어서 자기 정체성을 확인하고 싶은 대상으로 존재한다.

4. 본향 천국을 사모하는 나그네

기독교 시인 박목월에게는 천국, 하나님 나라인 본향을 사모하는 시가 더러 보인다. 본향을 사모하는 나그네의 모습은 유고시집『크고 부드러운 손』에서 많이 보이지만, 그전에도 군데군데서 나타난다. 아래의 시는 시집『어머니』에 실려 있는 작품이다.

> 저는 목마른 사슴./ 六, 七月 해으름에
> 산길을 헤매는./ 은은한/ 물소리를 찾아
> 당신을/ 渴求하며 길을 헤매는 목마른 사슴.
> 귀를 기울이면/ 저편 산기슭에서 골짜기에서
> 저를 부르는/ 당신의 안타까운 목소리
> 저는/ 六, 七月 해으름에
> 산길을 헤매는/ 목마른/ 어린 사슴
>
> - 「목마른 사슴」 전문

이 시에서도 위대한 어머니의 모습은 절대자 하나님의 모습과 오버랩 되어 있다. 나그네인 시적 화자는 어린 사슴으로 비유되어 있는데,

---

미소는/ 여유롭고 다정하고/ 은근하고 균형이 잡히는/ 모든 것에서/ 늘 발견되고/ 내일은/ 동트는 새벽의/ 그 신비스런 빛살로/ 마련된다."

이 어린 사슴은 어머니를 통해 하나님 나라와 연결되어 있다. 나그네인 시적 화자는 스스로를 목마른 사슴이라 칭하고 있다. 여기서 목이 마르다는 것은 생수 곧 하나님의 말씀 또는 성령에 갈증을 느낀다는 뜻이다. 그는 은은한 물소리를 찾아 헤매고 있다. 천국을 사모하는 이러한 나그네의 모습은『蘭·기타』의 「당인리 근처」와 「生日吟」,『청담』의 「對岸」과 「回歸心」 등에서도 가끔 보인다. 그런데 중기까지 박목월의 신앙형태는 간접적인 것이다. 중기까지는 그가 하나님을 직접 만나지 않고 언제나 어머니라는 매개체를 통해서 접하고 있다. 그러다가 시집 『크고 부드러운 손』에 이르러 직접 자신의 하나님을 만나고 있는 모습을 보여준다. 즉 확고부동한 신앙인의 모습을 보여준다.『크고 부드러운 손』이전『砂礫質』이나『無順』같은 시집에서는 신앙인으로서는 매우, 아주 근본적으로 흔들리는 모습을 자주 보여준다.

「사력질」 연작은 1970년에 현대시학을 통해 발표된 것이다. 여기서는 지상에서의 실존적 삶을 다루고 있다.[16] 시적 화자가 살고 있는 서울과 관련된 이야기들이 대부분인데, 사력질과 같이 쉽게 무너지고 부서지는 인간의 삶과 죽음의 의미, 인간과 인간간의 단절, 고독, 허무 등과 같은 근본적인 문제로 고민하는 모습을 보여주고 있다. 다음에 인용하는 「틈서리」라는 작품을 통해 비본질적인 세계에서 살아가는 시적 화자의 고통을 느낄 수 있다.

> 樂園洞 골목의/ 벽돌담이 젖고 있다.
> 겨울 빗발에/ 旣決囚의 벽돌빛깔이 젖는다.
> 사랑이여./ 우리들의 言語는
> 처음부터 事物 그것에 붙인/ 이름이 아니다.

---

16) 김재홍, 「목월 시의 성격과 시사적 의미」, 박현수 편, 『박목월』, 새미, 2002, 81~86면.
이숭원, 「환상의 지도에서 존재의 탐색까지」, 박현수 편, 『박목월』, 새미, 2002, 108~109면.

虛構와 抽象의 틈서리에서는/ 태초의 혼돈이 서려있고
樂園洞은 樂園洞이 아닌/ 종로 뒷골목에 불과했다.
제마다 에고의 담을 쌓고/ 겨울 빗발은 처음부터
우리들의 內面을 적신다./ 사랑이여
길로 향하여 열려있는/ 通用門의 그 틈서리로
보이는 것은/ 안채의 壁이 젖고 있는
旣決囚의 벽돌빛깔이다.

— 「틈서리」 전문

위의 시에서는 혼란과 혼돈에 빠진 서울에서의 삶을 이야기하고 있
다. 낙원동은 그야말로 낙원동이 아니고 지저분하고 타락한 종로 뒷골
목에 불과하다. 낙원동이라는 기표와 실제의 낙원동은 전혀 별개의 것
이다. 시적 화자가 보기에 우리들의 언어는 사물에 붙인 이름이 아니고
하나의 추상과 허구에 지나지 않는다. 그리고 그 추상과 허구의 틈서리
에는 태초의 혼돈이 서려있다.

원래 서정시는 기표와 기의가 일치하는 낙원(에덴)[17]을 지향하고 모
방한다. 그런데 현실 속에서 기표와 기의는 완전히 따로 분리되어 있
다. 시적 화자에게 있어서 서울은 결코 모방의 대상이 될 수 없다. 즉
시적 화자가 동화되고 싶은 대상이 아니다. 겨울 빗발에 실제 낙원동의
벽돌은 기결수의 빛깔처럼 젖고 있다. 저마다 에고의 담을 높이 쌓고
있는 서울 거리에서 겨울 빗발은 처음부터 우리의 내면을 기결수의 빛
깔로 적시고 있을 뿐이다.

이처럼 타락한 도시에 살고 있는 시적 화자는 실존적인 고뇌에 빠져

---

17) 아담은 에덴에서 모든 동물들에게 이름을 붙여준다. 이때 아담이 붙여준 동
물의 이름, 곧 기표는 기의와 완전히 일치한다.
〈창세기〉 2장 19~20절. "여호와 하나님이 흙으로 각종 들짐승과 공중의 새를
지으시고 아담이 어떻게 이름을 짓나 보시려고 그것들을 그에게로 이끌어 이
르시니 아담이 각 생물을 일컫는 바가 곧 그 이름이라. 아담이 모든 육축과
공중의 새와 들의 모든 짐승에게 이름을 주니라."

있다. 그런데 이런 실존적 고뇌는 존재론적 성찰을 가져다준다. 존재론적 고민을 하는 일련의 작품들을 거치면서 시적 주체는 우주의 근원인 하나님을 찾게 되고 하나님이 있는 본향, 곧 천국을 사모하게 된다. 다시 말해, 나그네인 시적 화자는 본향, 천국을 동경하고 모방하고 있다. 이 시기에 오면 작품 속에 새로운 형태의 대립적 구도가 형성된다. 나그네인 시적 화자가 존재하는 타락한 지상적 삶과 본향인 천국적 삶이 긴장관계를 이루고 있다. 나그네에게 있어서 지상은 어쩔 수 없이 머무르다가 떠나가야 할 비본질적 세계라면, 천국인 본향은 영원한 삶과 가치가 존재하는 본질적 세계이다.

> 이 사람들은 다 믿음으로 따라 죽었으며 약속을 받지 못하였으되 그것들을 멀리서 보고 환영하며 또 땅에서는 외국인과 나그네로라 증거하였으니 이 같이 말하는 자들은 본향 찾는 것을 나타냄이라. 저희가 나온 바 본향을 생각하였으면 돌아갈 기회가 있었으려니와 저희가 이제는 더 나은 본향을 사모하니 곧 하늘에 있는 것이라. 그러므로 하나님이 저희 하나님이라 일컬음 받으심을 부끄러워 아니하시고 저희를 위하여 한 성을 예비하셨느니라.[18]

위의 성경 구절은 기독교인들의 나그네 의식을 집약적으로 보여주고 있다. 기독교인들이 그림자 같은 비본질적인 지상세계에서는 이방인으로, 즉 나그네로 살아갈 수밖에 없다는 것을 잘 드러내 주고 있다. 그리고 그들이 본질적 세계인 하늘나라, 곧 본향을 사모하며 살아갈 수밖에 없다는 것도 잘 드러내 주고 있다.

이후 박목월은 점점 더 깊이 신앙세계로 빠져든다. 그것은 『크고 부드러운 손』에 잘 나타난다. 이 시집에서는 기독교인으로서 그의 나그네 의식이 여기저기 산재해 있음을 볼 수 있다.

---

18) 〈히브리서〉 11장 13~16절.

대문을 나선다./ 먹고 마시는 것을/ 위하여.
바쁜 걸음으로 대문을 나서는/ 이를 긍휼히 여기소서.
집으로 돌아온다./ 하루를/ 몇 개의 은전과 바꾸고
지쳐서 어깨가 축 늘어져/ 문을 들어서는
이를 긍휼히 여기소서./ 주림도 갈증도
당신이 베풀어주신 것./ 주여./ 우리의 출입이
당신으로 말미암아/ 당신에게로 돌아가는 것.
당신이 열어주심으로/ 문이 열리고/ 당신이 닫아주심으로
문이 닫기는 오늘의/ 우리들의 출입.
설사 몇 푼의 은전으로/ 오늘과 바꾸는
이 측은한 출입 속에서도/ 우리들의 우편에서
그늘이 되고/ 우리들의 영혼을/ 지켜주소서.
낮의 해가/ 우리를 상하지 말게 하고
밤의 달이/ 우리를 해치지 아니하도록
우리들의 영혼을 지켜주소서.

　　　　　　　　　　　　　　　ㅡ「우리들의 출입」 전문

　위의 시에서 나그네인 시적 화자는 일용할 양식을 위하여 대문을 나
선다. 바쁜 걸음으로 대문을 나서는 자신을 긍휼히 여겨달라고 절대자
에게 기도하고 있다. 그리고 집으로 돌아온다. 하루를 몇 개의 은전과
바꾸고 지쳐서 어깨가 축 늘어져 문을 들어서는 이를 긍휼히 여겨달라
고 기도하고 있다. 이것은 비본질적인 지상세계에서 나그네인 시적 화
자가 살아가는 고달픈 인생을 표현하고 있다.
　그리고 나그네인 시적 화자는 주림도 갈증도 절대자가 베풀어 주었
다고 고백하고 있다. 더 나아가 시적 화자의 출입이 절대자로 말미암는
다는 것을, 그리고 시적 화자가 궁극엔 절대자에게로 돌아가게 될 것을
고백하고 있다. 절대자가 열어줌으로 문이 열리고 절대자가 닫아줌으
로 문이 닫기는 것이 우리들의 출입이라고 고백하고 있다. 결국 우리들
의 일거수일투족이 전능한 절대자의 손에 달려있다고 고백하고 있는

것이다. 하늘나라에 이르기까지 광야생활과 같은 나그네 생활을 절대자의 주권에 의탁하고 있는 모습을 보이고 있다. 그래서 설사 몇 푼의 은전으로 오늘과 바꾸는 이 측은한 출입 속에서도 나그네인 자신의 우편에서 그늘이 되어주고 자신의 영혼을 지켜달라고 기도하고 있다. 낮의 해가 상하지 못하게, 밤의 달이 해치지 못하게 해달라고 간구하고 있다.

앞에서 언급해 왔듯이, 나그네란 자신의 본향을 떠나 타향에서 떠도는 존재다. 그는 언제나 자신이 떠나온 본향으로 돌아갈 것을 학수고대하고 있다. 그리고 그 나그네가 거하는 현실 공간은 고통스럽고 '소망 없는' 세계이다.

> 누구나/ 열쇠꾸러미를 가졌다.
> 대체로 허리춤에 차고/ 때로는 안 호주머니에
> 간수하고/ 미래의 거미줄이 엉켜있는,
> 물욕으로 질퍽거리는/ 地上의 늪지대를,
> 속임수의 수렁창을,/ 쇠부스러기를 찾아/ 허덕이게 된다//
> 열쇠여,/ 아무리 열어보아도/ 공허한/ 동굴의 어둠만이 깃든
> 썩은 개펄의 바람만이 풍겨나오는/ 지상의 생활 속에서(중략)
> 베드로여,/ 베드로여,/ 베드로여,/ 지상의 열쇠
> 꾸러미를 버림으로써/ 얻게 되는
> 신앙으로 다듬어진/ 순금의 열쇠
>
> ―「순금의 열쇠」 부분

위의 작품에는 두 개의 열쇠가 나온다. 하나는 지상에서 먹고 살기 위해서 필요한 열쇠이고, 다른 하나는 천국 문을 열 수 있는 열쇠이다. 여기에 나타나는 세속적인 열쇠는 몇 개의 쇠부스러기 곧 돈을 벌기 위해 물욕이 질퍽거리는 지상의 늪지대, 속임수의 수렁창을 뒤지는 데 사용된다. 그러나 그 세속적 열쇠로 아무리 열어보아도 공허한 어둠만이 깃든, 썩은 개펄의 바람만이 풍겨 나오는 지상이 있을 뿐이다. 그에

비해 순금으로 만든, 믿음의 열쇠는 나그네를 천국으로 인도하는 참된 열쇠가 된다.

이런 천국 열쇠를 가지게 되면 나그네의 삶이 현실적인 고통을 잘 감내할 수 있게 된다. 그럴 때 나그네는 매순간마다 '당신'(하나님)을 인식하고 확인하는 삶을 살게 된다. 믿음의 밧줄로 묶여진 삶을 살게 되는데, 그런 구속이 오히려 참된 자유로 느껴진다. 그런 믿음의 단단한 밧줄에 묶여 한강교를 건너가듯 하나님의 나라로 가게 된다.[19] 즉 본질적 세계인 천국, 본향으로 가게 된다. 이때 이상적인 세계, 하늘나라, 곧 본향은 나그네인 시적 화자에게 있어서 시적 모방, 서정적 동화의 대상으로 존재한다.

5. 꼬리말

지금까지 본고에서는 박목월의 서정시에 나타난 나그네 의식을 살펴보았다. 그의 시에 나타난 나그네는 영원한 고향을 찾아다니는 존재이다. 이때 말하는 영원한 고향은 근대 이후 사라진 소위 선험적 고향, 동일성의 고향이다. 이 선험적인 고향, 동일성의 고향은 인간과 자연이 신과 더불어 서로 동화되어 있는 세계이다. 박목월의 시에 나타난 나그네는 이러한 선험적 고향을 찾아 헤매는 존재라는 점에서 근대인의 보편적 정서에 닿아있다고 볼 수 있다.

『청록집』과『산도화』에 실려 있는 박목월의 초기 자연서정시에는 강한 낭만적 비전이 들어 있는데, 이 강한 낭만적 비전은 고향을 잃어버리고 떠도는 나그네 의식과 관련되어 있다. 초기작이 씌어질 무렵 박목월을 둘러싼 현실적 상황은 절망 그 자체였다. 이 절망적인 상황을

---

19) 박목월, 「거리에서」, 『박목월 시전집』, 서문당, 1984, 447~448면.

정신적으로 극복하고자 그는 이상적인 고향, 관념적인 자연을 만들어 낸다. 이렇게 만들어낸 이상적인 농촌 고향의 모습을 제시함으로써 파시즘의 한파에 덮여 있는 타락한 현실을 비판하고 개혁할 수 있는 원리를 찾고자 한다.

시집 『蘭 · 기타』와 『晴曇』시절 씌어진 박목월의 시는 거의 다 생활 서정시들이다. 비전도 꿈도 상실한 도시 소시민의 일상적 삶이 주로 다루어지고 있다. 그것은 거의 다 가족을 돌보는 아버지로서의 부성애를 다루고 있다. 그러다가 개발독재하의 산업화가 계속됨에 따라 그것의 부작용에 미학적으로 저항하게 되는 낭만적 서정시를 쓰게 된다. 이때 씌어진 작품들이 시집 『경상도의 가랑잎』과 『어머니』에 실려 있다.

1960년대 후반 자본주의적인 모순이 노정되기 시작하던 시절 서울서 떠돌던 나그네는 고향 경상도 땅으로 여행을 떠난다. 고향 경상도 땅은 도시 생활에 지친 나그네에게 낙토로 나타난다. 그에게 있어서 고향 경상도 땅은 잃어버린 정체성과 삶의 연속성, 전체성, 자족성을 회복하게 해주는 공간이다. 『어머니』에 실려 있는 시편들은 여행과는 직접적으로 관계없다. 나그네인 시적 화자가 유년시절 어머니와 함께 체험했던 이상적인 고향을 기억하면서 쓴 것들이다. 여기서는 어머니가 곧 고향이다. 그에게 있어서 어머니는 고향의 만물 속에 스며 있는 초월적 존재이기도 하다. 나그네인 시적 화자는 어머니를 통해 절대자인 하나님을 만나기도 한다.

그러다가 『사력질』이나 『무순』시절로 오게 되면 인간의 삶과 죽음, 인간과 인간간의 단절, 고독, 허무 등과 같은 근본적인 문제에 봉착하게 되어 심히 흔들리는 모습을 보여주기도 한다. 특히 「사력질」연작에서 그러한 실존적인 고뇌를 엿볼 수 있다. 이러한 고뇌와 회의를 거치면서 그의 신앙은 더욱 성숙해져 간다. 지금까지 박목월은 어머니를 통해 간접적으로 하나님과 만나고 있었다면, 이러한 고뇌의 과정을 거치는 동안에 하나님과 직접 만나게 된다.

자신의 하나님을 만나는 순간 그는 자신이 이 '소망 없는' 지상에서 나그네, 이방인임을 뼈저리게 느끼게 된다. 그는 이제부터 새로운 고향, 본향, 천국, 본질적 세계를 향해 묵묵히 걸어가면서 지상에서의 타락한 비본질적 삶을 감내하고 있다.

참 고 문 헌

금동철, 「박목월 시의 텍스트 생산 연구」, 서울대학교 대학원 석사학위논문, 1994.

금동철, 「박목월 시에 나타난 기독교적 자연관 연구」, 『우리말글』 32집, 우리말글학회, 2004.

김동리, 「문학적 사상의 주체와 그 환경」, 『문학과 인간』, 백민문화사, 1958.

김용직, 「동정성과 향토정조－박목월론」, 『한국현대시사 2』, 한국문연, 1996.

김재홍, 『한국현대시인연구』, 일지사, 1986.

김재홍, 「목월시의 성격과 시사적 의미」, 박현수 편, 『박목월』, 새미, 2002.

김준오, 『시론』, 삼지원, 1997.

문흥술, 「박목월의 생애와 문학」, 박현수 편, 『박목월』, 새미, 2002.

박동규 외 70인, 『정다운 인연설』, 월인, 2004.

박목월, 『보랏빛 소묘』, 신흥출판사, 1958.

박목월, 『박목월 시 전집』, 서문당, 1984.

이남호 엮음·해설, 『박목월 시전집』, 민음사, 2003.

박현수, 「초기시의 기묘한 풍경과 이미지의 존재론」, 박현수 편, 『박목월』, 새미, 2002.

엄경희, 『미당과 목월의 시적 상상력』, 보고사, 2003.

오세영, 『한국현대시인연구』, 월인, 2003.

유성호, 「지상적 사랑과 궁극적 근원을 향한 의지」, 박현수 편, 『박목월』, 새미, 2002.

이승원, 「환상의 지도에서 존재의 탐색까지」, 박현수 편, 『박목월』, 새미, 2002.

이희중, 「박목월 시의 변모과정」, 『현대시의 방법 연구』, 월인, 2001.

임철규, 『왜 유토피아인가』, 민음사, 1994.

한광구, 『목월시의 시간과 공간』, 시와시학사, 1993.

루카치, G.,(반성완 역), 『루카치 소설의 이론』, 심설당, 1985.

박두진 초기시의 '新自然' 연구

1. 머리말

주지하다시피, 서정시의 본질은 동일성에 있다. 서정적 동일성이란 객관대상과 주관정서 사이의 하나 되기로 이루어진다는 것은 자명한 사실이다. 그런데 이 자명한 사실이 근대 이후에는 더 이상 자명하지가 않다는 것이 문제이다. 근대 이전에는 자명하게 생각되어 왔고 하나의 당연한 미학적 사실이었던 서정적 동일성이 근대 이후에는 새롭게 회복되어져야 할 그 무엇이 되어버렸다. 확실히 이제 동일성은 재통합을 위한 하나의 이데올로기적인 염원이다.

앞에서도 말했듯이, 서정적 동일성이란 주관정서와 객관대상간의 일체화로 이루어진다. 역사가 진행될수록 점점 더 심각하게 파괴되어가는 동일성을 회복하려면 주체와 대상 사이의 관계를 새롭게 인식할 수 있어야 한다. 주체와 대상은 항상 맞물려 있다. 주체가 해체되고 병들면 객체도 따라서 그렇게 된다. 건전하고 건강한 주체는 건전하고 건강한 객체를 인식하게 된다. 바람직한 동일성의 회복이란 건전한 주체가 건전한 대상을 발견하고 인식하는 데서 시작된다. 바로 그럴 때 서정적 소망이 시작되는 것이다.

흔히 청록파 시인들에 의해 자연이 재발견되었다고 한다.[1] 이때 개

---

1) 김동리, 『문학과 인간』, 민음사, 1997, pp.46~58.

인의 내면적 측면에서, 사회적 측면에서, 그리고 민족적 측면에서 재통합의 원리로 재발견된 자연은 생명력으로 가득 찬 그 무엇이었다. 파시즘으로 봉착된 일제하 식민지 근대화로 인해 심히 왜곡되고 파괴된 주체는 객관대상과 정상적이고 바람직한 관계를 정립하지 못하고 있었다. 이른바 비동일성의 시학이 허무주의적인 무드와 함께 부유하고 있었다. 청록파 시인들이 재발견하고 새롭게 인식한 건강한 자연, 생명력으로 가득 찬 자연 공간은 시적 주체로 하여금 신생의 희망을 갖게 만들었다.

청록파 시인들 중에서도 박두진의 시가 가장 새롭다. 이것은 그에 의해 재발견된 자연이 가장 새롭기 때문이다. 그리고 그렇게 새롭게 발견된 자연과 소망스런 관계를 맺고 있는 시적 주체도 가장 새롭기 때문이다. 그것은 재통합의 중심축으로 재발견된 그의 '신자연'이 그 이전의 누구에 비해서도 참신하기 때문이다.

박두진의 새로움을 최초로 발견한 사람은 『문장』을 통해 추천한 정지용이다. 정지용은 박두진이 그때까지 볼 수 없던 하나의 '新自然'을 들고 나왔다고 극찬한 바 있다.[2] 그 이후 많은 논자들이 이 '신자연'에 관심을 돌렸다. 대표적으로 김우창은 박두진이 자연을 관조적 대상이 아니라 감각적 대상으로 파악하고 있다는 것을 드러낸 바 있다.[3] 이는 매우 탁월한 지적이다. 김용직은 '자연의 動態化'란 용어로 '신자연'을 해석했다.[4] 그리고 김신정은 김우창의 견해를 받아들여 '감각적 풍요의 대상'으로 '신자연'을 이해했다.[5]

본고에서는 앞선 연구자들의 견해를 수용하면서 한 걸음 더 나아가고자 한다. 우선 '신자연'의 의미를 좀 더 보강하며 구체적으로 작품을

2) 정지용, 『문장』 제12호, 1940.1, p.195.
3) 김우창, 『궁핍한 시대의 시인』, 민음사, 1977, p.59.
4) 김용직, 『한국현대시사 2』, 한국문연, 1996, pp.530~537.
5) 김신정, 「박두진 시에 나타난 '신자연'의 의미와 특성」, 『작가연구』 제11호, 새미, 2001, pp.223~230.

분석해보고자 한다. 그리고 '신자연'에 대한 연구가 대상적인 측면에 그치지 않고 그것이 시적 주체와 어떤 관계를 맺고 있는지 살펴보고자 한다. 사실 대상으로서의 자연은 예나 지금이나 변화가 없다. 단지 그것을 어떻게 재발견하고 새롭게 인식하는가 하는 문제에 달려 있다. 다시 말하자면 대상의 새로움은 시적 주체의 인식의 새로움에 달려있고, 시적 주체의 인식의 새로움은 그 주체의 세계관, 이데올로기의 새로움에 달려있다. 따라서 여기서는 자연 대상을 바라보는 시적 주체의 새로움에 대해서도 많은 언급이 있을 것이다. 이러한 단계를 거쳐서 시적 주체와 자연대상간의 관계 맺기의 본질이 드러날 것이기 때문이다.

그리고 본고에서는 박두진의 새로움을 보다 효과적으로 이해하기 위해 조지훈과 비교해서 연구하고자 한다. 같은 청록파 시인으로서 자연을 재발견했다는 평가를 동시에 받고 있는 조지훈과 비교해 보는 것은 박두진의 새로움을 이해하는 데 많은 도움을 줄 것으로 생각된다.

2. 역동적 생명공간으로서의 '新自然'

앞에서도 말했듯이, 일제 말기에 우리 문단에 하나의 '신자연'을 들고 나온 것은 박두진이다. 박두진에게 보이는 '신자연'은 단순히 감각적 새로움에 그치지 않는다. 감각적 새로움으로 말할 것 같으면, 문장파의 이병기나 정지용의 자연서정시에도 감각적 풍요로움이 만만찮게 드러나고 있다. 정지용의 경우 박두진보다 더 구체적이고 물질적인 사고가 감각화되어 나타난다고 볼 수 있다.

이 감각화되어 나타난 박두진의 '신자연'은 매우 역동적이고 남성적인 호방한 이미지로 독자들에게 다가온다. 김용직의 지적대로[6], 박두진은 매우 넓은 시야를 느끼게 해주는 시를 선보임으로써 등단 초기부

---

6) 김용직, 『한국현대시사 2』, 한국문연, 1996, pp.530~531.

터 문단에서 충격적인 파장을 일으켰다. 박두진을 추천한 정지용 자신도 자연을 대상으로 매우 감각적인 시를 썼지만, 그의 시에 나오는 자연은 은거공간으로서 생명력이 심히 위축되어 있었다. 정지용을 모델로 문단에 등장한 청록파의 다른 두 사람, 박목월과 조지훈의 자연 역시 웅장하거나 남성적이고 개방적인 그런 것은 못 되었다. 박두진은 박목월처럼 산으로 에워싸인 폐쇄적이고 자족적인 공간이 아니라, 그 테두리가 훨씬 큰 산이며 들판과 하늘과 바람과 태양을 노래했다. 그의 상상력은 우주적으로 확산되었다. 이런 엄청난 산하에 대한 우주적 접근은 소박한 향토적 시인인 박목월에게도 보이지 않았고, 소소면면한 전통 유가의 후예인 조지훈에게서도 볼 수 없었다.[7]

해야 솟아라. 해야 솟아라. 맑앟게 얼굴 고운 해야 솟아라. 산 넘어 산 넘어서 어둠을 살라먹고, 산넘어서 밤 새 도록 어둠을 살라먹고, 이글 이글 애띈 얼굴 고운 해야 솟아라.

달밤이 싫여, 달밤이 싫여, 눈물같은 골짜기에 달밤이 싫여, 아무도 없는 뜰에 달밤이 나는 싫여……

해야, 고운 해야. 늬가 오면 늬가사 오면, 나는 나는 청산이 좋아라. 훨훨훨 깃을 치는 청산이 좋아라. 청산이 있으면 홀로래도 좋아라.

사슴을 딿아, 사슴을 딿아, 양지로 양지로 사슴을 딿아 사슴을 만나면 사슴과 놀고, 칡범을 딿아 칡범을 딿아 칡범을 만나면 칡범과 놀고,……

해야, 고운 해야. 해야 솟아라. 꿈이 아니래도 너를 만나면, 꽃도 새도 짐승도 한자리 앉아, 워어이 워어이 모두 불러 한자리에 앉아 애띠고 고운 날을 누려 보리라.

— 「해」 전문

---

7) 최승호, 「『청록집』에 나타난 생명시학과 근대성 비판」, 한국시학회, 199, pp.304~305.

위 작품에는 굵직한 남성적 목소리가 힘차게 울려 퍼지고 있다. 이 남성적인 목소리는 해와 관계가 깊다. 해는 원래 달과 달라서 강한 남성적 이미지를 소유하고 있다[8]. 시적 주체는 그런 강한 이미지를 소유한 해를 부르고 있다. 해도 강한 이미지를 갖고 있는데, 그 강한 해를 강한 남성적 어조로 부르고 있다. 시적 화자인 남성 주체는 해를 불러서 어둠을 살라먹으라고 외치고 있다. 여기서 해는 진리, 빛, 정의, 힘을 상징한다. 그 해가 불의를 상징하는 어둠을 살라먹기를 간절히 바라고 있다. 어둠을 싫어하는 남성 주체는 달밤도 싫어한다. 달이 있는 밤은 여성적인 것이라서 유약한 이미지로 나타난다[9]. 그것은 '눈물같은 골짜기에 달밤이 싫여'라는 구절을 통해 확인할 수 있다.

그렇게 진리, 빛, 정의, 힘의 상징인 해가 오면 청산은 훨훨훨 깃을 친다. 해는 이제 생명력의 근원으로 나타난다. 이 해로 인해 청산은 활기를 얻게 되고, 시적 주체는 그 청산 속에서 만족감을 누린다. 이렇게 되면 시적 주체는 양지 속에서 다른 자연물들과 아름답게 교감을 누리게 된다. 즉 양지로 사슴을 따라 가다가 사슴을 만나게 되면 사슴과 놀고, 칡범을 따라 가다가 칡범을 만나게 되면 칡범과 함께 놀게 된다.

이렇게 시적 주체가 양지 속에서 어떤 짐승과 만나든지 화해롭게 행복하게 같이 놀 수 있는 것은 말갛게 얼굴 고운 해, 이글이글 앳된 해 때문이다. 즉 진리와 정의와 힘의 상징인, 빛이 비치어 나오는 근원인 태양이 어둠을 살라먹기 때문이다. 그렇게 되면, 제5연에서 보듯이, 시적 주체는 청산 속의 모든 자연물과 행복한 일체감을 누릴 수 있는 것이다.

> 해를 보아라. 이글대며 솟아 오는 해를 보아라. 새로 해가 산 넘어 솟아
> 오르면, 싱싱한 향기로운 풀밭을 가자. 눈 부신 아침 길을 해에게로 가자.

---

8) C. G. Jung, The Archetypes and The Collective Unconscious, Translated by R. F. Hull, Princeton University Press, 1964, p.7.
9) C. G. Jung, Mysterium Conitungtionis trans by R. F. Hull, Routledge & Kegan Paul, 1963, p.154.

어둠은 가거라. 우름 우는 짐승같은 어둠은 가거라. 짐승같이 떼로 몰려 벼랑으로 가거라. 햇볕 살 등에 지고 벼랑으로 가거라.

보라. 쏘는듯 향기로히 피는 저 산꽃들을, 춤 추듯 너훌대는 푸른 저 나뭇 잎을. 영롱히 구술 빚듯 우짖는 새소리를. 줄줄줄 내려 닫는 골 푸른 물소리를.……

푸른 잎 풀잎에선 풀이 치는 풀잎소리, 너훌대는 나무에선 잎이 치는 잎의 소리, 맑은 물 시내 속엔 은어새끼 떼소리……. 던져 있는 돌에선 돌이 치는 돌 소리.……자벌레는 가지에서, 돌찐아빈 밑둥에서, 여어어 잇! 볕 함빡 받아 입고 질러보는 만세소리……; 온 산 푸른 것, 온 산 생명들의, 은은히, 또, 아, 일제히 울려오는 압도하는 노랫소리….

산이여! 너훌대는 나뭇 잎 푸른 산이여! 햇볕살 새로 퍼져 뛰는 아침은, 너희 새로 치는 소리들에 귀가 열린다, 너희 새로 받는 햇살들에 눈이 밝는다, 피가 새로 돈다. 울울울 올라갈듯 온 몸이 우린다, 새처럼 가볍는다, ……나는 푸른 아침 길을 가면서 ……. 새로 솟는 해의 품 해를 향해 가면서…….

—「해의 품으로」 전문

이 작품 역시 앞의 시 「해」에서와 같이 역동적인 자연의 모습을 보여주고 있다. 그리고 그 자연의 역동성은 진리와 빛, 정의와 힘의 상징인 해 때문에 가능하다는 것을 보여주고 있다. 남성적인 강한 힘의 소유자인 해로 인해 자연은 전체가 살아 움직이는 것이 된다. 그 자연을 지배하고 있던 죽음의 그림자인 어둠을 몰아내는 것은 해이기 때문이다.

햇살에 의해 생명력을 공급받고 활기를 회복하는 자연은 그 자체가 미의 원천이 된다. 햇살을 받아 쏘는 듯 향기로이 피는 산꽃들, 춤추듯 너울대는 푸른 나뭇잎들, 영롱히 구슬 빚듯 우짖는 새소리들, 줄줄줄 내려 닫는 골짜기의 푸른 물소리, 들판의 풀잎 스치는 소리, 너울대는 나무에서 푸른 잎이 부딪치는 소리, 맑은 시냇물 속의 은어새끼 떼 지어 노는 소리, 자벌레가 가지에서, 돌찐아비가 나무 밑둥에서 햇볕 함빡 받아 여어어 잇! 질러보는 만세소리들로 가득 찬 자연은 그 자체 미의 원천이 된다.

온 산의 푸른 것, 온 산의 생명들이 은은히 일제히 압도하듯이 뿜어내는 생명의 소리들은 개인적으로나 민족적으로나 모든 생명력이 얼어붙어버린 식민지 말기에 하나의 미학적인 규범을 제시하기에 알맞다. 시적 주체에게 건강성을 회복시켜 주기에 알맞다. 이처럼 박두진에 의해 새롭게 발견된 '신자연'은 역동적이면서도 생명력으로 가득 찬 공간이다. 이 건강한 자연관은 일제 말기의 절망적이고 허무주의적이고 그로테스크한 미학사상에 대응하는 의미가 있다.

박두진은 『문장』을 통해 세 번 추천받고 등단이 확정됨과 동시에 자신이 반모더니스트임을 분명히 한 바 있다.10) 이것은 당시 모더니즘이 갖고 있던 비생명성, 비인간성에 대한 비판의식에서 비롯되었다고 볼 수 있다. 아래의 산문은 그가 모더니즘의 비생명성, 비인간성을 비판하고 자연이 지난 생명력으로 시대의 난국을 돌파하려 했던 그 자신의 시학을 잘 드러내고 있는 귀중한 자료이다.

> 당시의 우리 문단적 실정으로는 모두가 너무 절망적이고 무기력하고 암담한 눈물에 비비거리는 소리들만 웅얼거리고 있는 것을 싫어한 나머지, 나는 적으나마 이러한 모든 부정적이고 허무적인 심연에서 뛰어나와 보다 더 줄기차고 억세고 끝가지 밝은 소망을 기다리자는 정신, 즉 우리가 가질 바 하나의 영원한 갈망과 염원과 동경의 정서를 확립하는 밑바탕으로 자연을 택하지 않을 수 없었고, 거기에다 영원한 생명을 구하지 않을 수 없었습니다.11)

---

10) 박두진, 『시와 사랑』, 신흥출판사, 1960, p.14.
11) 박두진, 『시인의 고향』, 범조사, 1959, p.185.

자연에서 생명력을 확보하고 그것으로써 시대적인 절망의식과 허무
의식을 극복하고자 한 것은 박두진만이 아니라, 청록파 3인에게서 공
히 발견된다. 여기서는 조지훈의 초기 자연서정시를 분석함으로써 박
두진의 그것과 비교하고자 한다. 이러한 비교를 통해 우리는 사물을
보다 선명히 이해할 수 있게 된다. 주지하다시피 조지훈은 전통 동양사
상을 현대화시켜 자연을 새롭게 발견한 시인이다. 즉 근대, 특히 파시
즘화한 식민지하의 근대에 대응하고자 한 시인이다.[12]

외로이 흘러간 한송이 구름
이 밤을 어디메서 쉬리라던고.

성긴 빗방울
파초잎에 후두기는 저녁 어스름

창열고 푸른 산과
마조 앉아라.

들어도 싫지 않은 물소리기에
날마다 바라도 그리운 산아

온 아츰 나의 꿈을 스쳐간 구름
이 밤을 어디메서 쉬리라던고.

―「파초우」 전문

조지훈의 이 작품에서도 사물들 간의 생명적인 움직임이 보인다. 그
러나 그 움직임이 박두진의 경우처럼 역동적인 모습을 보이고 있지 않
다. 시적 주체를 포함해 위의 작품에 나오는 모든 사물들은 靜中動의

---

12) 최승호, 앞의 논문, pp.314~315.

모습을 보이고 있다. 모든 사물은 고요하게 정지된 가운데 내부적으로 활발한 생명적 교감을 보이고 있다. 시적 주체와 자연대상 사이의 생명적 교감은 겉으로 보기에 매우 조용하다. 시적 주체와 자연대상은 생명력이라는 면에서 상호 현상유지적인 교감을 보이고 있다.

그것은 우선 제1연에 나오는 구름의 모습에서 확인된다. 그 구름은 매우 활발하게 흘러가는 상태에 있지 않고 고요하게 움직이고 있다. 그것은 시적 주체가 그 구름에 대해 '이 밤 어디메서 쉬리라던고'하는 자세를 보이고 있음을 통해 알 수 있다. 시적 주체가 여행을 하다가 한적한 곳에서 쉬는 동안 그 구름도 역시 쉬고 있을 것이라고 생각하는 데서 보인다. 이때 구름은 시적 주체의 분신이기도 하다. 바쁘게 움직이지 않고 한적한 산자락 아래서 조용하게 쉬는 것은 자신의 생명력을 고요하게 관리하고 여유를 갖게 되는 행위이다.

모든 사물들이 한적한 곳에서 조용하게 쉬면서 고요하게 움직이고 있다는 것은 제 2연에서도 확인된다. 성긴 빗방울이라는 것이 그렇다. 성긴 빗방울은 소나기와 같이 활발한 움직임을 보여주지 않고 보는 이로 하여금 여유롭게 한다. 그리고 잎이 넓은 파초잎이 그러하다. 잎이 넓은 파초는 절간이나 사대부의 정원에서 여유롭고 한가한 분위기를 연출한다. 그리고 때도 저녁 어스름이다. 저녁 어스름은 모든 사물들이 활발하게 생명활동을 하는 한낮과 달리 모든 사물들이 고요히 자기관리나 하는 때이다.

이런 고요하고 한적한 가운데 사물들 간의 조용한 생명적인 교감을 노래하는 것은 물외한적의 느낌을 주는데, 이 물외한적이라는 자체가 근대의 파시스트적 속도에 저항하는 느림의 미학이 된다. 앞의 박두진의 시들에서는 파시즘 세력에 대해 강하고 억센 저항이 나타난다면, 조지훈의 시에서는 유유자적의 미학이 나타난다. 이 유유자적 역시 근대 파시즘에 저항하는 하나의 끈질긴 방식이다. 유유자적은 결코 행복한 상황에서 나오지 않는다. 정치적으로 완전히 패배했을 때 나오는 처세의 미학인데, 불우한 가운데서도 애써 여유를 가져보려고 애쓰는 미학정신에서 나온다. 이 유유자적의 미학은 박두진에게서처럼 적극적이고 강한 저항은 아니지만 하나의 끈질기게 저항하는 서정미학을 가져다준다.

이상에서 살펴본 바에 의하면, 같은 생명력의 원천인 자연을 대상으로 시를 썼으면서도 박두진과 조지훈은 상당히 다른 면모를 보여주고 있음을 알 수 있다. 박두진의 경우 매우 역동적이고 생명력이 활발하게 움직이는 자연대상을 선정했다면, 조지훈의 경우 물외한적의 분위기 속에서 고요히 자기관리나 하고 있는 자연대상을 선정했음을 알 수 있다. 같은 시대 동일한 자연이 이렇게 달리 인식되는 것은 그것을 바라보는 시적 주체의 내면세계, 세계관 때문인데, 다음 장에서 그것을 살펴보겠다.

3. 기독교적 생태공간으로서의 '新自然'

앞에서 우리는 박두진 초기시에 나타난 '신자연'이 매우 역동적이고 억세고 강인한 생명의 공간임을 살펴보았다. 여기서는 그런 역동적이고 강인한 생명의 공간이 나타나는 이유를 살펴보겠다. 그리고 그것을 주로 생태시학적인 관점에서 살펴보겠다. 원래 생태시학이란 사물과 사물 사이의 생명적 관계를 강조할 때 사용하는 개념인데, 주로 한 사물의 생명 상태를 노래하는 생명시학과 다소 구별되고 있다.[13]

北邙 이래도 금잔디 기름진데 동그만 무덤들 외롭지 않어이.

무덤 속 어둠에 하이얀 髑髏가 빛나리. 향기로운 죽음읫내도 풍기리.

---

13) 이숭원, 『폐허 속의 축복』, 천년의 시작, 2004, pp.54~61.

살아서 설던 주검 죽었으매 이내 안 서럽고, 언제 무덤 속 화안히 비춰 줄 그런 太陽만이 그리우리.

　　금잔디 사이 할미꽃도 피었고, 삐이 삐이 배, 뱃종! 뱃종! 멧새들도 우는데, 봄볕 포군한 무덤에 주검들이 누웠네.

―「墓地頌」 전문

　위의 시에서도 자연은 생명력으로 가득 찬 공간으로 나타난다. 무덤을 소재로 했는데도 어둡고 우울한 공간, 생명력이 위축된 공간이 아니라, 매우 활기찬 공간으로 나타난다. 무덤을 덮고 있는 금잔디가 기름지다. 금잔디가 기름지다는 것은 그것이 타고난 생명적 본성을 최대한 발휘하고 있다는 것이다. 그렇게 생명력으로 가득 찬 금잔디에 덮여있는 동그만 무덤들은 외롭지 않다고 시적 주체는 이야기 하고 있다. 이 무덤과 무덤 속의 주검이 그냥 땅 속에서 외롭게 격리되어 있지 않다는 것이다. 사람이 죽어서 땅 속에 묻혀서도 외롭지 않다는 것은 그것이 무덤 밖 다른 생명체와 활발하게 교감을 하고 있다는 의미가 된다.
　다른 생명체와 활발하게 생명적 교감을 하고 있는 촉루는 무덤 속 어둠에서도 하얗게 빛이 난다. 향기로운 주검의 냄새도 풍긴다. 이렇게 죽어서도 다른 생명체와 조화로운 교감을 나누는 주검은 그것이 살았을 때처럼 서럽지가 않다. 이렇게 주검조차 아름다운 향기를 풍기고 행복하게 되는 것은 무덤 속을 환히 비쳐줄 태양―예수 그리스도 때문이다. 무덤 속 주검과 그것을 둘러싼 다른 생명체들 간의 아름다운 교감을 가능케 하는 궁극적 존재는 모든 생명의 근원[14]이며 영원히 살아 있는 하나님―예수 그리스도 때문이라는 것이다. 이러한 생명의 근원인 예수 그리스도 안에서 금잔디, 할미꽃, 멧새, 주검 등이 생명적으로

---

14) 〈시편〉 제36편 9절.
　　"대저 생명의 원천이 주께 있사오니 주의 광명 중에 우리가 광명을 보리이다."

아름답고 조화롭게 교감하면서 하나의 이상적인 생태적 질서를 창출해 내는 것이다.

대체로 많은 사람들이 기독교에도 생태학적 사고가 있는가 하고 의아해 한다. 근대 이후 지구상에 나타난 생태질서의 파괴에 기독교가 중심적인 역할을 한 것으로 생각한다. 그러나 박두진의 위의 시에서 살펴본 바와 같이 기독교에서는 모든 생명이 하나님에 의해 창조되고 관리된다고 보고 있다. 다음 시「香峴」에서도 이러한 기독교적인 생태시학이 명백하게 보인다.

아랫도리 다박솔 깔린 山 넘어 큰 山 그 넘엇 山 안 보이어, 내 마음
둥둥 구름을 타다.

우뚝 솟은 山, 묵중히 엎드린 산, 골 골이 長松 들어 섰고, 머루 다랫넝
쿨 바위엉서리에 얽혔고, 샅샅이 떡갈나무 옥새풀 우거진 데, 너구리, 여
우, 사슴, 山토끼, 오소리, 도마뱀, 능구리 等 실로 무수한 짐승을 지니인,

山, 山, 山들! 累巨萬年 너희들 沈默이 흠뻑 지리함즉 하매,

山이여! 장차 너희 솟아난 봉우리에, 업드린 마루에, 확 확 치밀어 오를
火焰을 내 기다려도 좋으랴?

핏내를 잊은 여우 이리 등속이, 사슴 토끼와 더불어 싸릿순 칡순을 찾
아 함께 즐거이 뛰는 날을, 믿고 길이 기다려도 좋으랴?

― 「香峴」 전문

위의 작품에서도 자연은 약동하는 생명적 에너지로 충전되어 있다. 아랫도리는 산의 계곡을 말하는데, 거기에는 다박솔이 깔려있다. 큰 산들이 첩첩이 쌓여 있고 그것을 바라보는 시적 주체의 마음도 구름을 탄 듯 둥둥 떠오르고 있다. 하늘 높이 솟아 오른 시적 주체의 마음이

바라보는 산은 우뚝 솟아 있기도 하고 묵중히 엎드려 있기도 하다. 이런 우주적인 역동성을 보이는 산 속에 골골이 長松이 들어섰고, 머루다래 넝쿨이 바위 엉서리에 얽혀있다. 샅샅이 떡갈나무 우거진 데 너구리, 여우, 사슴, 산토끼, 오소리, 도마뱀 등 무수한 짐승들이 서식하고 있다. 이처럼 시적 주체가 바라보는 향현, 곧 향기 나는 고개는 동물이나 식물 할 것 없이 모든 생물들이 사이좋게 서로 어울리며 이상적인 생태공간을 형성하고 있다.15)

전통적인 자연서정시도 대부분 이상적인 생태공간을 배경으로 하고 있다. 거기에는 주로 식물들이 등장한다. 동물이 등장한다 해도 학, 노루 등 이른 바 문학적 동물이 나오기 마련이다. 그런데 위의 시에는 너구리, 여우, 사슴, 오소리, 도마뱀 등과 같이 전통적인 자연서정시에는 나오지 않는 동물들이 대거 등장한다. 이 또한 박두진이 발견한 '신자연'의 한 모습이다. 그 동물 중엔 토끼, 사슴과 같이 연약한 것도 있고, 여우, 너구리, 오소리 등과 같이 거친 것도 있다. 이런 다양한 동물들이 식물들과 함께 한 공간에서 이상적으로 어울려 사는 것은 현실상황이 아니다.

시적 주체는 핏내를 잊은 여우, 이리 등속이 사슴, 토끼와 더불어 싸릿순, 칡순을 찾으며 함께 어울려 뛰놀 그런 이상적인 미래를 믿고 기다리고 있다. 장차 이 땅에 도래해야 할 이상적인 유토피아로서의 '香峴', 향기 나는 고개를 믿음으로써 선취하여 보여주고 있는 것이다. 이러한 신앙적 선취는 성경적 사고로 인해 가능한 것이었다. 〈이사야〉 제65장 25절에 그러한 사고를 밑받침하는 구절이 나온다.

> 이리와 어린 양이 함께 먹을 것이며 사자가 소처럼 짚을 먹을 것이며
> 뱀은 흙으로 식물을 삼을 것이니 나의 성산에는 해함도 없겠고 상함도 없
> 으리라 여호와의 말이니라.16)

---

15) 최승호, 앞의 논문, pp.315~316.

성경의 이 구절은 선지자 이사야가 장차 도래할 하나님의 나라, 곧 새 하늘과 새 땅을 예언적으로 묵시한 부분이다. 그곳은 어린 양이 이리와 함께 먹고, 사자가 소처럼 짚을 먹는 그런 유토피아로서의 공간이다. 여기서 이사야가 예언한 새 하늘과 새 땅은 〈창세기〉의 창조적 질서가 회복되는 공간이다. 성경 〈창세기〉에 의하면 모든 동물들은 원래 푸른 풀을 먹고 살게끔 하나님에 의해 창조되었다.[17] 즉 동물들끼리 약육강식의 생존경쟁이 없었다.

이와 같이 모든 생명체 간의 이상적인 생태적 질서는 하나님, 예수 그리스도 안에서 이루어지는 것이다. 위의 시에는 예수 그리스도를 중심으로 만물들이 회복되어 완벽한 동일성, 총체성을 이루어내는 모습이 잘 그려져 있다. 예수 그리스도를 초월적 중심으로 한 이러한 은유적 총체성의 구조는 당시는 너무나 새로운 것이었다.[18] 이렇게 우주적 총체성을 보여주고 있는 묵시적 공간으로서의 '향현'은 견고하고 강하고 남성적인 분위기를 보여주고 있다.

박두진의 시에 나타난 신자연이 결국은 박두진이 지닌 기독교적인 세계관 때문임을 알게 되었다. 박두진의 초기시에 나타난 기독교적인 생태시학을 더 잘 이해하기 위해 조지훈의 작품을 분석해 볼 필요가 있다.

---

16) 〈이사야〉 제65장 25절.
17) 〈창세기〉 제1장 30절. "또 땅의 모든 짐승과 공중의 모든 새와 생명이 있어 땅에 기는 모든 것에게는 내가 모든 푸른 풀을 식물로 주노라 하시니 그대로 되니라."
18) 김신정은 이 작품에 환유가 나타난다고 보고 있다. 제2연에 여러 사물들이 자유롭게 나열되는 것을 보고 환유가 나타난다고 보고 있다. 이것은 시의 표층만 읽은 데서 오는 오류라고 생각된다. 얼핏 보면 환유적 나열 같지만, 이 작품 속에 들어있는 시적 주체의 사상, 기독교 사상을 보면 그렇지 않다고 생각된다. 이 작품 속의 모든 사물들은 초월적 중심인 예수 그리스도를 중심으로 은유적 총체성을 형성하고 있다고 보아야 할 것이다.
김신정, 「박두진 시에 나타난 '新自然'의 의미와 특성」, 『작가연구』 제11호, 2001, p.227.

꽃이 지기로소니/ 바람을 탓하랴.

주렴 밖에 성긴 별이/ 하나 둘 스러지고

귀촉도 우름 뒤에/ 머언 산이 닥아서다.

촛불을 꺼야 하리/ 꽃이 지는데

꽃지는 그림자/ 뜰에 어리어

하이얀 미닫이가/ 우련 붉어라.

묻혀서 사는 이의/ 고운 마음을

아는 이 있을까/ 저허하노니

꽃이 지는 아침은/ 울고 싶어라.

—「낙화」 전문

위의 작품은 이미 여러 논자들에 의해 유가적인 것으로 해석되었
다.[19] 이 작품에서도 사물들은 고요한 생명력의 움직임을 보여주고 있
다. 꽃이 지기로소니 바람을 탓하랴 하고 상당히 소극적인 처세의 태도
를 보이고 있다. 꽃이 지는 것은 꽃이 품수한 理 때문이지 환경이나
상황 때문이 아니라는 인식은 소극적이기는 하나 파시즘 시대를 살아
가야 하는 시적 주체에게는 만만찮은 시대적 대응전략이다. 여기서는
시적 주체가 고요하게 현상유지적으로 자신의 불우한 생명력을 지키며
관리하고 있다. 그게 바로 유유자적의 미학이다. 유유자적의 미학은

---

19) 박호영, 「조지훈 문학 연구」, 서울대학교 대학원 박사논문, 1988, pp.83~84.
　　　김용직, 『정명의 미학』, 지학사, 1986, pp.385~388.

유가적인 여백에서 나온다.

위의 작품에는 몇 가지 사물들이 여백을 사이에 두고 서로 감응하고 있다. 꽃, 성긴 별, 귀촉도 울음, 머언 산, 촛불, 뜰, 하이얀 미닫이, 묻혀서 사는 이 등의 사물들이 서로서로 부분적 독자성을 띤 채 여백을 사이에 두고 내적 연속성을 보이고 있다. 사물들이 나열은 되어있지만 파편적인 환유구조를 보이고 있지는 않다. 그렇다고 앞의 박두진 시 「향현」에서처럼 은유적 총체성을 보이고 있지도 않다. 조지훈의 「낙화」에는 초월적 중심축이 없다. 대신 우주 만물은 각자 부분적 독자성을 띠며 내적으로 긴밀히 유기적으로 연결되어 있다. 소위 제유적 세계관을 보이고 있다. 이것은 시적 대상인 자연물들 간에만 그런 것이 아니라, 자연대상과 시적 주체 간에도 그러하다. 유가들은 사물들 사이 여백에서 유유자적이 나온다고 보고 있다. 조지훈이 재발견한 자연은 유유자적 하는 공간이면서도 동시에 파시즘 현실에 미학적으로 대응하게끔 생명력을 길러주는 공간이다. 그것은 그가 제유적 세계관, 유가적 세계관을 가지고 자연을 인식하기 때문이다.

같은 청록파이면서도 박두진은 기독교적인 세계관을 가지고 자연을 바라보기 때문에 자연이 하나의 은유적 총체적 구조로 인식되었다면, 전통 유가의 후예인 조지훈의 눈에는 자연이 하나의 제유적 유기적 구조로 파악되었다. 박두진에게 있어서 자연은 예수 그리스도 안에서 '새 하늘과 새 땅' 곧 낙원으로 새롭게 회복되어져야 할 것이다. 그에 비해 조지훈에게 있어서 자연은 그 자체가 영원하고 완벽한 낙원이다. 지훈에게 있어서 낙원은 발견되는 것이지 회복되는 것이 아니다. 애초부터 그에게는 낙원 상실이라는 관념이 없다. 조지훈의 이런 전통미학에 비추어 봐서 박두진의 기독교적인 생태시학은 아주 새로운 것이었다.

4. 미메시스 대상으로서의 '新自然'

앞에서 살펴본 대로, 박두진은 초월적 절대자인 예수 그리스도를 중심으로 하여 우주 만물을 총체적으로 인식하며 선과 악을 이분법적으로 분명하게 구분하고 있다. 박두진에게 있어서 진선미는 객관적으로 명백하게 존재한다. 하나님의 신성이 비쳐 보이는 자연은 규범적인 미를 소유하고 있으면서 시적 주체에게 그것을 제시하고 있다. 자연을 통해 객관적으로 존재하는 미를 명백하게 제시하는 것 역시 당대로서는 하나의 신선한 충격이었을 것이다.

> 하늘이 내게로 온다./ 여릿 여릿/ 머얼리서 온다.
>
> 하늘은, 머얼어서 오는 하늘은,/호수처럼 푸르다.
>
> 호수처럼 푸른 하늘에,/ 내가 안긴다. 온 몸이 안긴다.
>
> 가슴으로, 가슴으로,/ 스미어드는 하늘,/ 향기로운 하늘의 호흡,
>
> 따거운 볕,/ 초가을 햇볕으론/ 목을 씻고,
>
> 나는 하늘을 마신다./ 작고 목 말러 마신다.
>
> 마시는 하늘에/ 내가 익는다./ 능금처럼 내 마음이 익는다.
>
> —「하늘」 전문

기독교인들은 하나님이 창조한 자연을 소중히 여긴다. 자연에는 하나님의 신성이 비쳐 보이기 때문이다. 다시 말해 기독교인들은 자연계시를 통해서도 하나님의 신성을 깨달을 수 있기 때문이다. 성경 〈창세

기〉에 따르면, 모든 자연 피조물들은 하나님 보시기에 아름답게 창조되었다.[20]

위의 시에 나오는 하늘 역시 하나님이 창조한 것이고 하나님의 신성이 비쳐 보이고 있는 자연 사물이다.[21] 이 호수처럼 푸른 하늘은 객관적이고 보편적인 진선미를 소유하고 있는 존재이다. 그 하늘이 시적 주체에게로 다가오고 있다. 행복한 순간이다. 그렇게 호수처럼 푸른 하늘, 객관적이고 보편적인 진선미가 들어있는 푸른 하늘에 시적 주체가 안긴다. 온 몸이 안긴다. 즉 하늘에 대해 아무런 의혹이나 의심, 망설임 없이 시적 주체는 자신을 맡길 수 있는 것이다. 하늘은 가슴으로 가슴으로 스미어 들면서 향기로운 호흡을 하고 있다. 그 하늘을 나는 마시고 있다. 자꾸 목말라 마시고 있다. 시적 주체는 객관적이고 보편적인 진선미가 들어있는 하늘을 마시고 또 마신다. 하나의 갈증의 시학을 보여주고 있다.

그만큼 이 시기 시적 주체는 객관적이고 보편적이면서 분명한 진리에 대해 목말라하고 있다. 그리하여 시적 주체는 자신이 마시는 하늘에 익는다. 능금처럼 익는다. 이것은 자연계시를 통해 얻어진 영원한 진선미로 몸과 마음이 아름답게 성숙해간다는 의미이다.

그리고 이 시에서 시적 주체는 객관적이고 보편적인 진리, 나아가 초월적인 진리가 비쳐 보이는 하늘에 동화되고 있다. 시적 주체 중심으로 대상을 자기 쪽으로 동화시키지 않고 자신을 자연대상 쪽으로 동화시키고 있다. 이것은 일종의 고전주의적인 시학인데, 객관적으로 보편적으로 존재하는 진선미를 적극 받아들임으로써 주체를 재구성하는 방법이다. 위의 시에는 고전주의적 방법으로 서정적 동일화가 이루어지

---

20) 〈창세기〉 제1장 31절.
　　"하나님이 그 지으신 모든 것을 보시니 보시기에 심히 좋았더라."
21) 〈로마서〉 제1장 20절.
　　"창세로부터 그의 보이지 아니하는 것들 곧 그의 영원하신 능력과 신성이 그 만드신 만물에 분명히 보여 알게 되나니 그러므로 저희가 핑계치 못하리라."

고 있음을 알 수 있다. 시적 주체는 자기 자신을 재구성하기 위해 이미 객관적이고 보편적인 진선미를 구비하고 있는 자연대상을 모방하고 본받고 닮고 베끼기만 하면 된다. 이러한 미메시스의 과정을 통해 하나의 강력하고 안정된 서정적 동일화가 이루어지는 것이다.

그런데 여기에서의 미메시스는 낭만적 자연서정시에서 보이는 것과는 달리 나타난다. 김소월 같은 낭만주의자들의 자연서정시에는 우상화된 자연이 자주 나타나는데, 박두진의 위의 시에는 그런 우상화가 나타나지 않는다. 그에겐 모든 자연물들이 한갓 피조물에 지나지 않기 때문이다. 하나님의 신성이 하나님이 만든 자연물에 비쳐 보일 뿐이지, 그 속에 내재하는 것은 아니기 때문이다.

1
부여안은 치맛자락, 하얀 눈바람이 흩날린다. 골이고 봉우리고 모두 눈에 하얗게 뒤덮였다. 사뭇 무릎까지 빠진다. 나는 예가 어디 北極이나 南極 그런데로도 생각하며 걷는다.

파랗게 하늘이 얼었다. 하늘에 후- 입김을 뿜어본다. 스러지며 올라간다. 고요-하다. 너무 고요하여 외롭게 나는 太古! 太古!에 놓여있다.

2
왜 이렇게 자꾸 나는 山만 찾아 나서는 겔까? - 내 永遠한 어머니……. 내가 죽으면 白骨이 이런 양지짝에 묻힌다. 외롭게 묻어라.

꽃이 피는 때, 내 푸른 무덤엔, 한 포기 하늘빛 도라지꽃이 피고, 거기 하나 하얀 山나비가 날러라. 한 마리 멧새도 와 울어라. 달밤엔 杜鵑! 杜鵑도 와 울어라.

언제 새로 다른 太陽, 다른 태양이 솟는 날 아침에, 내가 다시 무덤에서 復活할 것도 믿어본다.

3

　나는 눈을 감어본다. 瞬間 번뜩 永遠이 어린다.…… 人間들! 지금 이 땅
위에서 서로 아우성치는 數 많은 인간들이, 그래도 滅하지 않고 오래 世
代를 이어 살아갈 것을 생각한다.

　우리 族屬도 이어 자꾸 나며 죽으며, 滅하지 않고, 오래 오래 이 땅에서
살아갈 것을 생각한다.

　언제 이런 雪岳까지 왼통 꽃동산 꽃동산이 되어, 우리가 모두 노래치
며, 날뛰며, 진정 하로 和暢하게 살아볼 날이 그립다.

—「雪嶽賦」 전문

　시적 주체는 눈이 많이 쌓여있는 설악산에 들어와 혼자서 외롭게 걷
고 있다. 눈에 쌓여 있는 설악산 속에서 태고적 분위기를 느끼고 있다.
태고적 분위기는 영원성을 느끼게 해준다. 박두진은 그런 태고적 분위
기의 자연을 보고 '내 영원한 어머니'라고 부른다. 기독교인들에게 있어
서 자연은 결코 영원한 존재가 아니다. 그것은 하나의 시적인 표현에
지나지 않는다.
　시적 주체는 죽어서 이런 태고적 분위기의 영원한 자연 속에 묻히고
싶어 한다. 자연에 동화되고 싶어한다. 시적 주체가 중심이 되어 세계
를 자아화하지 않고 주체가 자연대상에 동화된다. 왜냐하면 그 자연은
'영원한 어머니'와 같기 때문이다. 대상에 동화된 모습은 꽃이 피는 때,
내 푸른 무덤엔 한 포기 하늘빛 도라지꽃이 피고, 거기 하나 하얀 山
나비가 날러라 하는 데서 보인다. 한 마리 멧새도 와 울어라 하는 데서
도 확인된다.
　그런데 자연에 대한 시적 주체의 동화되기는 예수 그리스도 안에서
이루어진다. 아도르노가 말하는 식의 동화되기와는 다르다. 애니미즘
사상을 지닌 선사시대의 인간들이 초월적이고 절대적으로 보이는 자연

에 동화되어서 자신의 정체성을 형성하는 게 아도르노 식의 미메시스라 한다면,[22] 박두진에게 나타나는 시적 미메시스는 예수 그리스도 안에서 이루어진다.

같은 피조물인 자연에 동화되어도 그것은 어디까지나 예수 그리스도의 품 안에서 이루어진다. 영원한 자연이라고 생각되어지는 설악산에 묻혀서 자연에 동화되는 것도 언제 새로 다른 태양- 예수 그리스도- 이 솟는 날 무덤에서 부활하기 위해서이다. 박두진에게 있어서 미메시스의 궁극적 대상은 예수 그리스도이다. 하나님의 신성이 비쳐 보이는 자연을 모방하는 것 자체가 궁극적으로는 예수 그리스도에 대한 모방으로 귀착되는 것이다.

시적 주체는 예수 그리스도에 의해 새롭게 회복된 창조적 질서를 예찬하고 있다. 언제 이런 설악까지 온통 꽃동산이 되어 우리가 모두 노래하며, 날뛰며, 진정 하루 화창하게 살아볼 날이 그립다 하고 있다. 시적 주체는 예수 그리스도 안에서 만물이 회복되고, 만물간의 관계가 회복된 낙원을 꿈꾸고 있다. 시적 주체는 식민지하의 있는 그대로의 현실을 모방하지 않고, 대신 앞으로 당연히 도래해야 할 이상적 현실을 내다보며 앞당겨 노래하고 있다.

시적 주체에게 있어서 앞으로 당연히 이 땅에 도래해야 할 낙원은 미메시스의 대상이다. 미메시스는 있는 그대로의 현실을 반영하는 것이 아니라, 응당 있어야 할 이상세계를 모방하는 것이다. '창조적 모방'을 강조하는 리꾀르에 따르면, 미메시스는 현실을 있는 그대로 복사하는 것이 아니라, 있는 그대로의 현실보다 더 훌륭하게 더 아름답게 창조적으로 구성하여 만들어낸 '새로운 세계'를 제시하는 것이다. 그에게 있어서 미메시스란 문학적 형상화를 통한 새로운 세계의 개시이다.[23]

---

22) Th. W. 아도르노 & M. 호르크하이머(김유동 역), 『계몽의 변증법』, 문학과지성사, 2001, pp.33~40.
23) P. Ricoeur, Metaphor vive, Seuil, 1975, pp.13~69.

위의 시에서 시적 주체는 예수 그리스도 안에서 회복될 창조적 질서를 미리 앞당겨 제시하고 그것에 자신이 동화되고 있음을 말하고 있다. 그것은 맨 마지막 연에서 확인된다. '그립다'라는 시어가 그것을 증명해 준다.

이렇게 미래 언젠가 마땅히 회복되어야 할 이상적 자연세계, 낙원은 하나의 관념적 실재로 존재한다. 그리고 그것은 객관성과 보편성을 갖춘 관념적 실재이다. 박두진의 초기시에 나오는 '신자연'이 바로 그러한 것이다. 이러한 객관적인 관념미를 지향하고 모방한다는 것은 당시와 같이 어둡고 혼돈된 시대, 밤하늘에 뚜렷이 빛나는 별을 좌표로 보고 항해하는 것과 같은 행복감과 만족감을 안겨다 준다. 이것은 기독교 사상이 갖추고 있는 고전주의적 덕목이다.

이에 비해 조지훈의 자연서정시에서 미메시스는 사뭇 다르게 나타난다. 이제부터 조지훈의 자연서정시 「아침」 분석을 통해 시적 미메시스, 서정적 동일화가 어떻게 일어나는가 살펴보자.

실눈을 뜨고 벽에 기대인다. 아무것도 생각할 수가 없다.

짧은 여름밤은 촛불 한 자루도 못다 녹인 채 사라지기 때문에 섬돌에 문득 柘榴꽃이 터진다.

꽃망울 속에 새로운 宇宙가 열리는 波動! 아 여기 太古적 바다의 소리 없는 물보래가 꽃잎을 적신다.

방안 하나 가득 柘榴꽃이 물들어 온다. 내가 柘榴꽃 속으로 들어가 앉는다. 아무것도 생각할 수가 없다.

— 「아침」 전문

위의 자연서정시에는 유가적인 형이상학이 잘 드러나 있다. 시적 주체의 理와 대상인 柘榴꽃의 理가 하나로 만나고 있는 모습이 보인다. 유가들에게 있어서 道의 구현이란 시적 주체와 대상 자연물 간의 행복한 물아일체가 이루어질 때 가능하다. 위의 작품에는 시적 주체가 중심이 된 동일화가 보이지도 않고 자연 대상이 중심이 된 동일화가 보이지도 않는다. 조지훈 자신의 표현대로, 대상의 자아화와 자아의 대상화가 동시에 이루어진다.

이렇게 동일화가 일어날 수 있는 것은 인간을 자연사물과 동일한 조건 속에서 보기 때문이다. 유가들의 형이상학에 따르면, 인간을 포함한 우주 만물이 동일한 氣로 이루어졌다고 본다. 인간이 자연 사물보다 질적으로 우위에 있지 않고, 자연 사물이 인간보다 우위에 있지 않다는 것이다. 소강절 같은 사람은 이상적인 유가적인 사물인식방법을 이물관물에다 두고 있다. 즉 사람이 자연물과 같은 입장과 조건이 되어 다른 사물을 바라보고 인식한다는 것이다.

위의 시에도 시적 주체는 柘榴꽃과 동일한 입장이 되어 柘榴꽃을 인식하고 있다. 자기 자신의 내면을 겸손하게 텅 비우고 있다. 자기 내면 속에 가득 찬 것으로 대상을 바라보고 대상에게 덮어씌우고 있지 않다. 시적 주체와 자연 대상은 평등하고 민주적인 입장에서 상호 생명적인 교감을 하고 있다. 시적 주체는 고요하게 자신의 생명력을 관리하면서 자연 대상을 관조하고 있다.

이러한 대상 관조적 태도에도 미메시스는 보인다. 동양의 자연서정시에는 자연을 모방하는 측면이 들어있다. 예로부터 산수시란 영원하고 완벽한 자연을 본받아서 자신의 인격을 수양하고자 하는 인간의 바람에서 나온 것이다.[24] 소위 情景論 속에 미메시스적 측면이 들어가 있는 것이다. 情은 표현론적인 것이고 景은 모방론적인 것이다. 정경교융론에 따르면,[25] 정과 경은 혼연일체가 되어 구분이 되지 않는다는 것이

---

24) 智順任, 『산수화의 이해』, 일지사, 1991, pp.30~37.
25) 王夫之, 『薑齋詩話』.

다. 이것은 표현론적 측면과 모방론적 측면이 분리되지 않는다는 것이다. 모방도 마찬가지다. 시적 주체가 일방적으로 자연대상에 동화되고 있지 않다. 시적 주체와 자연대상은 상호 대등한 입장에서 서로에게 동화되고 있는 것이다.

이상에서 살펴보았듯이, 조지훈에게서는 시적 주체와 자연대상 사이에 대등한 관점에서의 상호 동화되기가 나타난다. 시적 주체가 자연대상에 일방적으로 동화되는 미메시스는 일어나지 않는다. 인간이 일방적으로 자연대상을 본받는 것이 아니라, 인간과 자연이 상호 본받는 것이다. 이에 비해 박두진에게 있어서 미메시스는 예수 그리스도 안에서 자연을 모방하는 것으로 나타난다. 자연에 대한 모방은 궁극적으로 그 자연을 창조한 하나님, 예수 그리스도에게로 귀착되는 것이다. 그리고 박두진 눈에 비친 현실 속의 자연은 결코 영원하지도 완벽하지도 않다.[26] 그는 어디까지나 예수 그리스도 안에서 회복될 자연을 모방하고 있을 뿐이다. 이것은 당대로서는 자연에 대한 하나의 새로운 해석이고 태도이다. 이러한 새로운 태도로 자연을 해석할 수 있었던 것은 그가 기독교적인 세계관을 소유하고 있었기 때문에 가능하다. '신자연'이란 어사 속에는 이러한 의미도 들어가 있다.

5. 꼬리말

본고에서는 박두진 초기시에 나타난 '신자연'에 대해 연구해보았다. 일제하 개인의 내면적 측면에서, 사회적 측면에서, 그리고 민족적 측면

---

26) 「연륜」이란 시에는 이러한 현실로서의 자연의 모습이 보인다.
　　소나무와, 갈나무와／ 사시나무와 함께 나는 산다.／／ 억새와, 칡덩불과,／ 가시 사이에 서서,／／…(중략)…아츰에 뛰놀던 어린 사슴이／ 저녁에 이리에게 무찔 림도 보곤 한다.(하략)
　　박두진, 『박두진 전집 2』, 범조사, 1982, pp.212~216.

에서 재통합의 원리가 되는 자연이 박두진에게 있어서 어떻게 새롭게 발견되고 인식되는가를 살펴본 셈이다. 자연은 그대로 있고 하나뿐인데, 그것을 인식하는 주체에 따라 전혀 다른 모습 또는 새로운 모습을 보여준다. 여기서는 박두진에게 있어서 자연에 대한 새로운 발견과 인식을 같은 청록파의 일원인 조지훈의 그것과 비교해 보았다.

박두진의 초기시에 나타난 소위 '신자연'은 매우 역동적이다. 그러면서도 생명력으로 가득 찬 세계이다. 그는 해와 같은 역동적이고 남성적인 사물을 많이 사용하였고, 그 남성적 자연물을 대하는 태도도 매우 남성적이고 호방하다. 그에게 있어서 해는 어둠을 물리치는 진리, 정의, 빛, 힘을 상징한다. 그는 달밤 같은 여성적인 이미지를 싫어한다. 그에게 있어서는 산도 생명력이 철철철 넘쳐흐르는 존재로, 우주적인 광대한 모습으로 나타난다. 만물을 품에 안고 기르는 생명의 서식지로 나타난다.

그에 비해 조지훈에게 보이는 자연은 생명력이 활발하지가 않고 현상유지적이다. 그 자연물을 바라보는 시적 주체 역시 그러하다. 시적 주체는 산을 힘차게 올라가 호방한 자세로 굽어보며 호령하는 것이 아니라, 산자락쯤에서 자연과 고요하게 교감하면서 생명력을 즐기고 있다. 한적한 공간에서 유유자적하고 있다.

조지훈이 유유자적으로 일제하 힘든 파시즘에 대해 소극적으로 대응하고 있었다면, 박두진은 강하고 억세고 끈질긴 적극적 대응을 하고 있었던 셈이다. 박두진이 그렇게 강력한 에너지로 일제와 잘못된 근대에 대응할 수 있었던 것은 기독교적인 세계관 때문이다. 기독교에서는 사물을 음양관계로, 상대적으로 보지 않고 명백한 선악관계로 본다. 절대적이고 초월적인 진리인 하나님의 말씀에 근거해서 그렇게 이분법적으로 보는 것이다. 그에 비해 조지훈은 그렇게 뚜렷한 이분법을 갖고 있지 않다. 그래서 그는 박두진처럼 비분강개하지 않고, 산자락에 머물면서 재기를 다짐하면서 양생의 도를 행한다. 명백한 이분법적 사고를 지닌 박두진의 시적 세계가 당시로서는 매우 새로웠을 것이다. 기독교 적인 세계관으로 인식된 '신자연'은 그런 의미를 내장하고 있다.

박두진의 눈에 비친 '신자연'은 기독교적인 생태공간이다. 그가 바라 는 이상적인 자연 생태공간은 성경 〈창세기〉에 나오는 창조적 질서가 회복되는 공간이다. 모든 사물들이 초월적 절대자인 하나님, 곧 예수 그리스도를 중심으로 긴밀히 연결되어 있다. 모든 자연 사물들 간의 행복한 생명적인 교감은 예수 그리스도의 품 안에서 이루어진다. 다시 말해서 모든 자연 사물들은 예수 그리스도 안에서 은유적 총체성을 형 성하고 있는 것이다. 이것은 재통합의 원리로서의 자연 사물을 보는 새로운 안목이다. 조지훈과 같이 전통 동양적 세계관을 현대화시켜서 자연을 바라보는 안목과 사뭇 다르다. 조지훈은 사물들을 유가적인 사 상체계, 곧 이기철학으로 사물을 바라보고 인식하고 있다. 그의 자연서 정시의 세계에는 초월적 중심축이 발견되지 않는다. 사물들은 부분적 독자성을 띤 채 서로 유기적으로 연결되어 있다. 초월적 중심축이 없다 는 것은 절대적인 진리가 없다는 것이다. 따라서 선악을 구분하는 절대 적인 기준도 없다.

기독교적인 사상을 가진 박두진에게는 낙원회복이라는 뚜렷한 미의 식이 있었다. 그가 말하는 자연은 있는 그대로의 현실적인 세계가 아니 라, 언젠가 예수 그리스도 안에서 회복되어져야 할 미래적이고 당위적 인 것이다. 그에 비해 조지훈의 자연은 영원하고 스스로 존재하는 존재 이다. 여기에는 낙원상실 개념도 회복 개념도 없다. 조지훈의 이러한 자연관은 전통적인 것이고 우리 민족에게 일반화되어 있던 것이다. 따 라서 박두진의 '신자연'은 그야말로 새로운 것이었다.

박두진의 '신자연'에는 객관성의 미학이 들어있다. 그에게 있어서 '신 자연'은 객관적이고 보편적인 의미에서의 진선미를 소유하고 있다. '신 자연'은 하나님의 신성이 비쳐 보이는 세계이다. 시적 주체는 이러한 '신자연'을 모방하고 있다. 모방행위를 통해 대상에 동화되고 있다. 이

미메시스를 통해 시적 자아는 자신의 주체를 재정립하고 있다. 그런데 박두진에게 있어서 이러한 미메시스는 이중적이다. 겉으로는 자연사물을 모방하는 것 같지만, 그것에 끝나지 않고 그 모방이 예수 그리스도에게까지 나아간다. 그것은 자연 사물에 대한 모방이 예수 그리스도 안에서 이루어지기 때문이다.

조지훈의 자연서정시에도 미메시스가 이루어진다. 이때의 미메시스는 시적 주체가 일방적으로 자연대상에 동화되는 식으로 이루어지지 않는다. 시적 주체는 자연대상에게 동화되고, 자연 사물은 시적 주체에 동화된다. 물아일체, 정경교융, 감흥이론이 그러하다. 조지훈의 이런 동양적인 동화방식에 비해 박두진의 동일화방법은 당시로서는 아주 새롭다. 예수 그리스도 안에서 자연 사물에게로 이루어지는 시적 주체의 동화되기를 통해 우리는 또 다른 그만의 '신자연'을 발견할 수 있는 것이다.

참 고 문 헌

김신정, 「박두진 시에 나타난 '신자연'의 의미와 특성」, 『작가연구』 제11호, 새미, 2001.

김동리, 『문학과 인간』, 민음사, 1997.

김용직, 『정명의 미학』, 지학사, 1986.

김용직, 『한국현대시사 2』, 한국문연, 1996.

김우창, 『궁핍한 시대의 시인』, 민음사, 1997.

박두진, 『시인의 고향』, 범조사, 1959.

박두진, 『시와 사랑』, 신흥출판사, 1960.

박두진, 『박두진 전집』, 범조사, 1982.

박호영, 「조지훈 문학 연구」, 서울대학교 대학원 박사논문, 1988.

이숭원, 『폐허 속의 축복』, 천년의 시작, 2004.

정지용, 『정지용 전집 2』, 민음사, 1991.

지순임, 『산수화의 이해』, 일지사, 1991.

王夫之, 薑齋詩話.

C. G. Jung, Mysterium Conitungtionis trans by R. F. Hull, Routledge & Kegan Paul, 1963.

C. G. Jung, The Archetypes and The Collective Unconscious, Translated by R. F. Hull, Princeton University Press, 1964.

P. Ricoeur, Metaphor vive, Seuil,1975.

Th. W. 아도르노 & M. 호르크하이머(김유동 역), 『계몽의 변증법』, 문학과 지성사, 2001.

김현승 시의 서정화 방식 연구

1. 머리말

김현승에 대한 연구들은 직접적으로든 간접적으로든 기독교와 관련되어 이루어져 왔다.[1] 그의 시에 나타난 고독 또는 초월의 미학이 한결같이 기독교와 연관되어 있음에도 불구하고 그의 신앙적 태도 내지 기독교적 세계관에 대한 연구는 깊이 있게 이루어지지 못한 점이 없지 않다.

앞으로 김현승의 시에 나타난 신앙적인 문제 내지 종교적 세계관의 문제는 더욱 관심있게 거론되어져야 할 것이다. 이 문제는 김현승에 대한 제반 연구들의 초석을 이룬다 할 수 있다. 그는 장로교 목사의

---

[1] 대표적으로 아래와 같은 글들이 있다.
권영진, 「김현승 시와 기독교적 상상력」, 숭실어문학회 편, 『다형 김현승 연구』, 보고사, 1996.
김인섭, 「김현승의 의식세계」, 숭실어문학회 편, 『다형 김현승 연구』, 보고사, 1996.
홍기삼, 「김현승론」, 숭실어문학회 편, 『다형 김현승 연구』, 보고사, 1996.
신익호, 「김현승 시에 나타난 기독교의식」, 숭실어문학회 편, 『다형 김현승 연구』, 보고사, 1996.
김재홍, 「다형 김현승」, 『한국현대시인 연구』, 일지사, 2004.
금동철, 「김현승 시의 '고독'과 은유의 수사학」, 오세영 · 최승호 편, 『한국현대시인론 Ⅰ』, 새미, 2003.
손진은, 「김현승 시의 생명시학적 연구」, 최승호 편, 『21세기 문학의 유기론적 대안』, 새미, 2000.

아들로 태어나 모태신앙을 지니고 살았으며 줄곧 기독교와 관련된 삶을 살았다고 할 수 있다. 한때 절대자에 대한 회의를 지니며 신앙적으로 심히 흔들리는 삶을 살기도 했으나 전체적으로 보아 그의 전 생애는 기독교와는 뗄 수 없는 관계를 맺고 있었다. 따라서 김현승에 대한 문학적 연구의 밑바탕에 이 종교적인 문제가 자리잡고 있는 것은 당연하다 하겠다.

본고에서는 김현승 시에 나타난 서정화 방식을 연구하는 것을 목적으로 한다. 그리고 그 서정화 방식을 서정적 주체와 대상인 절대자와의 관계 맺기 방식으로 풀어보고자 한다. 서정적 주체와 절대자와의 관계가 김현승 서정시의 기본 축을 형성하고 있기 때문이다. 그리고 서정적 주체와 대상인 절대자와의 관계 맺기의 방식을 설명하기 위해 미메시스 개념을 원용하고자 한다.

이 경우 미메시스란 모방 또는 동화의 개념으로 설명된다. 다시 말하면, 미메시스란 대상에 대한 주체의 동화되기이다.[2] 서정적 주체가 신, 자연, 이데아와 같은 초월적 대상을 설정해서 그것을 믿고 본받고 닮고 베끼는 가운데 서로 하나가 되는 동일화 방식이다. 이 미메시스적 양상에 의해 서정적 주체와 대상인 초월적 절대자 사이에는 동일성의 시학 또는 비동일성의 시학이 발생한다. 서정적 주체가 초월적 대상을 믿고 본받고 닮고 그에 동화되는 경우에 동일성의 시학이 발생하고, 그렇지 못한 경우에 비동일성의 시학이 생겨난다. 그리고 이 동일성 내지 비동일성의 시학에 따라 고독의 문제가 설명이 될 수 있다. 또한 사물들이 지닌 생명성의 문제도 해명될 수 있다.

서정화 방식이란 곧 서정적 주체가 대상과 더불어 동일성에 이르는 방식이다. 근대이후 서정적 동일성이란 하나의 이데올로기적 욕망이다. 서정적 동일성을 향한 욕망이 근대이전에는 다양한 개체들의 자유

---

2) Th. W. 아도르노 & M. 호르크하이머(김유동 역), 『계몽의 변증법』, 문학과지성사, 2001, 33면.

로운 삶을 억압하기 쉬운 지배이데올로기로 작용하는 측면이 있었다면, 근대이후에는 개인적, 사회적 분열을 극복하고 통합하는 대안이데올로기로 작용하는 측면이 있다고 볼 수 있다. 여기서는 근대적 분열을 극복하고 통합하는 한 방식으로서의 서정적 동일성을 김현승의 시를 통해 살펴보고자 한다.

서정적 주체가 신과 같은 초월적 절대적 대상을 믿고 그에 동화되려는 이러한 고전주의적 노력은 주체중심주의가 초래한 근대적 문제를 해결하기 위한 새로운 한 방법이 될 수 있다.

본고에서는 김현승의 시를 세 시기로 나누어 살펴볼 것이다.[3] 제1기는 1934년 데뷔 때부터 1963년경까지이다. 이 시기는 기독교인으로서의 김현승이 비교적 순탄하게 신앙생활을 해오던 시기이다. 비록 부모로부터 전습된 신앙이긴 했으나 대체로 착실하게 신앙생활을 해오던 시기이다. 제2기는 1964년경부터 1973년경, 고혈압으로 쓰러지기 이전까지이다. 이 시기는 김현승이 신앙에 대해 심히 흔들리는 모습을 보여준다. 신에 대한 회의와 부정으로 인해 고독의 문제가 시적인 주제로 불거진 때이다. 제3기는 1973년부터 1975년 영면에 이르기까지이다. 이때는 신앙인으로서 완전히 거듭난 모습을 보여주고 있다.[4]

본고에서 김현승의 시적 편력을 위와 같이 서정적 주체와 절대자와의 관계, 신앙적 태도에 따라 나눈 것은 의미가 있다. 앞에서도 말했듯이 서정적 주체와 절대자와의 관계는 그의 시학의 토대가 되기 때문이다. 사실 그의 시세계는 그의 신앙적 태도와 맥을 같이하며 변화 해 간다.

---

3) 김재홍은 김현승의 시세계를 초기시(데뷔기~해방까지), 중기시(45년~64년), 후기시(65년『견고한 고독』이후~75년『마지막 지상에서』까지)로 나누고 있다. 김재홍, 「다형 김현승」,『한국현대시인 연구』, 일지사, 2004, 288면.
4) 홍기삼 역시 이와 비슷한 시기 구분을 하고 있다. 그는 김현승의 시를 전기와 후기로 나누고 있다. 전기는 1934년부터 1960년대 초기까지로 하고 후기는 1964년 작『제목』이후로 잡고 있다.
   홍기삼, 「김현승론」, 숭실어문학회 편,『다형 김현승 연구』, 보고사, 1996, 282 ~284면.

2. 절대자에 대한 미메시스적 욕망

모태신앙을 지니고 있는 그에게 있어서 사물과 동일성에 이르는 방법은 어느 정도 생득적으로 주어져 있는 것같이 보인다. 그의 초기시에 있어서 서정적 동일성의 중심엔 언제나 절대자 '하나님'이 자리잡고 있었다. 그는 나이 50에 이르기까지 부모로부터 물려받은 신앙에 이렇다 할 큰 회의를 보여주지 않고 있다. 큰 회의를 보여주지 않는 만큼 열렬한 믿음 또한 보여주지 않고 있다. 절대자에 대한 그의 태도는 비교적 담담하다. 초기의 긴 기간 동안에 쓰여진 시들은 시집 『김현승시초』(1957)와 『옹호자의 노래』(1963)에 실려 있다.

더러는
沃土에 떨어지는 작은 생명이고저……

흠도 티도,
금가지 않은
나의 全體는 오직 이뿐!

더욱 값진 것으로
들이라 하올제,

나의 가장 나아종 지니인 것도 오직 이뿐!

아름다운 나무의 꽃이 시듦을 보시고
열매를 맺게 하신 당신은,

나의 웃음을 만드신 후에
새로이 나의 눈물을 지어주시다.

— 「눈물」 전문

위의 시에서 보듯이 서정적 주체의 모든 관심은 절대자에게 맞추어
져 있다. 눈물이 아니라 서정적 주체한테 그 눈물을 만들어준 절대자에
게 궁극적 관심이 모아져 있다고 볼 수 있다. 그 절대자가 서정적 주체
에게 만들어준 눈물은 이 세상 그 무엇보다 순수하고 소중한 것이다.

먼저 그 절대자는 서정적 주체에게 아름다운 나무의 꽃을 만들어준
다. 그러나 그 꽃은 금방 시들어버린다. 그 다음 절대자는 서정적 주체
를 위해 그 꽃이 진 자리에 열매가 맺히게 해준다. 열매는 단단한 껍질
을 가지고 있기에 꽃보다는 상대적으로 오래 간다. 다음으로 절대자는
서정적 주체에게 눈물을 만들어준다. 이 시에 보이는 눈물은 단순한
액체가 아니다. 흠도 티도 없고 금도 가지 않은 단단한 보석으로서의
눈물이다.[5] 이 보석으로서의 눈물은 가변적인 웃음과 달리 영원한 것
이다.[6] 그리고 이 눈물은 옥토에 떨어지는 작은 생명이기도 하다. 이는
서정적 주체가 절대자로부터 영원한 생명을 선물로 받는다는 의미이기
도 하다. 이처럼 절대자인 신은 서정적 주체에게 항구적이고 영원한
보석처럼 귀중한 생명을 만들어주는 존재이다.

한편 서정적 주체는 절대자인 신의 은혜에 감사하는 마음으로 자신
이 선물로 받은 영원한 생명인 눈물을 드리려 한다. 자신에게 있어서
가장 소중한 물건, 곧 흠도 티도 금도 가지 않은, 자신의 전체를 드리려
하는 데 그것이 바로 눈물뿐이라는 것이다.

이 작품에서 보듯이 서정적 주체와 대상인 절대자 사이에는 가장 소
중하고 영원한 생명의 가치가 있는 것을 주고받는 관계가 형성되어
있다. 먼저 절대자 '하나님'이 서정적 주체에게 선물로 그 소중한 것을
만들어주면, 피조물인 서정적 주체가 감사하는 마음으로 그 선물을

---

5) 김인섭은 김현승의 눈물이 금속성의 고체로 변용된다고 보고 있다.
   김인섭, 「김현승의 시적 체질과 초월적 상상력」, 김인섭 편, 『김현승 시전집』,
   민음사, 2005, 619면.
6) 권영진, 「김현승 시와 기독교적 상상력」, 숭실어문학회 편, 『다형 김현승 연구』,
   보고사, 1996, 30면.

절대자에게 바치는 구조로 되어있다. 절대자와 서정적 주체 간의 이러한 관계는 김현승 시의 서정화 방식을 풀어내는 데 결정적이라 할 수 있다.

> 내 마음은 마른 나뭇가지,
> ±여,
> 나의 머리위로 산가마귀 울음을 호올로
> 날려 주소서//(중략)
>
> 내 마음은 마른 나뭇가지,
> ±여,
> 나의 육체는 이미 저물었나이다!
> 사라지는 먼뎃 종소리를 듣게 하소서,
> 마지막 남은 빛을 공중에 흩으시고
> 어둠속에 나의 귀를 눈뜨게 하소서
>
> 내 마음은 마른 나뭇가지,
> ±여,
> 빛은 죽고 밤이 되었나이다!
> 당신께서 내게 남기신 이 모진 두팔의 형상을 벌려,
> 바람속에 그러나 바람속에 나의 간곡한 포옹을
> 두루 찾게 하소서
>
> —「내 마음은 마른 나뭇가지」 부분

이 작품에서 절대자와 서정적 주체는 서로 사이좋게 하나로 만나고 있다. 이 사이좋은 만남은 기도라는 형식을 통해 이루어지고 있다. 기독교인에게서 기도란 피조물이 전적으로 신뢰하는 '하나님'과 대화하는 형식이다. 기도로 절대자와 피조물이 하나가 되는 것이다.

그리고 서정적 주체는 절대자인 신을 중심으로 해서 다른 피조물들

과도 동일성에 이르고 있다. 다형 김현승은 스스로 기독교적인 세계관을 지니고 있음을 아래와 같이 피력한 바 있다.

나는 인간의 삶 자체를 자연의 流露라고 생각하지 않는다. 그것은 오히려 비평이라고 생각한다. 나는 자연을 있는 대로 받아들이지 않고, 자연에다 어떤 주관적인 해석을 가하고 주관에 의하여 변형시키기를 요구한다. 이런 점에서 나는 동양적이 아니고 서구적이다. 그리고 그것은 곧 기독교적이다. 그리고 그것은 성선설에 입각한 생활이 아니고 원죄설에 뿌리박은 생활임을 나 자신이 언제나 인식하고 있다[7]

이러한 기독교적인 세계관을 지니고 있었기에 김현승의 시에는 인간과 자연이 대등한 관계로 나타나지 않는다. 그렇다고 해서 서구 낭만주의자들의 시에 나타나는 주체중심주의도 보이지 않는다. 비록 인간이 자연에다 어떤 주관적인 해석을 가하고 변형시킨다 해도 그것은 어디까지나 초월적 절대자의 섭리 안에서 그러하다는 것이다. 즉 절대자 '하나님' 중심 사상이 드러나고 있다.

위의 시에도 서정적 주체가 자연에다 어떤 주관적 해석을 가하고 변형시키는 것을 볼 수 있다. 제1연에서 서정적 주체는 자신의 머리 위로 산까마귀 울음을 날려달라고 절대자에게 기도하고 있음을 볼 수 있다. 제3연에서도 서정적 주체는 사라지는 먼데 종소리를 듣게 해달라고 절대자에게 기도하고 있다. 그리고 마지막 남은 빛을 공중에 흩어버리고 어둠 속에 자신의 귀를 눈뜨게 해달라고 간구하고 있다. 그리고 제4연에서도 절대자가 서정적 주체 자신에게 남긴 두 팔의 형상을 벌려 사물들을 포옹할 수 있게 해달라고 간청하고 있다.

이처럼 초월적 절대자를 중심으로 자아와 만물이 하나로 통일되어 있음을 볼 수 있다. 이것은 하나의 은유적 세계관에서 빚어진 것이다.

---

7) 김현승, 「나의 문학백서」, 『김현승 전집 2』, 시인사, 1985, 270~271면.

은유란 초월적 존재를 중심으로 해서 만물이 총체성을 형성하고 있는 경우이다. 이와 같이 김현승의 초기시에는 절대자 중심으로 긴밀한 총체성, 동일성이 이루어지고 있음을 알 수 있다. 절대자를 중심으로 한 이러한 은유적 동일성은 자본과 이기심으로 갈수록 분열되어가는 현대인의 내면과 현대사회를 치유하고 통합할 수 있는 하나의 비전이 될 수도 있다.[8]

절대자를 중심으로 한 이러한 서정적 동일성은 서정적 주체가 절대자인 '하나님'을 모델로 해서 본받고 닮고 베끼고 그에 동화되는 가운데 이루어진다.

> 꿈을 아느냐 네게 물으면,
> 푸라타나스,
> 너의 머리는 어느덧 파아란 하늘에 젖어 있다.///(중략)

> 먼 길에 올제,
> 호올로 되어 외로울제,
> 푸라타나스,
> 너는 그길을 나와 같이 걸었다.///(중략)

> 수고론 우리의 길이 다하는 어느날,
> 푸라타나스,
> 너를 맞어 줄 검은 흙이 먼―곳에 따로이 있느냐
> 나는 오직 너를 지켜 네 이웃이 되고 싶을뿐,
> 그곳은 아름다운 별과 나의 사랑하는 창이 열린 길이다.
>
> ―「푸라타나스」 일부

---

8) 많은 사람들의 오해와는 달리, 성경은 자본의 논리에 반대되는 입장을 취하고 있다고 볼 수 있다.

이 시에서도 절대자를 중심으로 서정적 주체와 대상인 플라타너스 사이에 동일성이 형성되어 있는 것을 읽을 수 있다. 서정적 주체는 플라타너스에게 인격을 부여하고 있다. 즉 자연에다 주관적 해석을 가하고 변형시키고 있다. 여기서도 그 주관적 해석은 절대자의 섭리 안에서 이루어지고 있다.

서정적 주체는 플라타너스에게 꿈을 아느냐 묻고 있다. 물론 그 꿈은 초월과 비상을 향한 욕망에서 빚어진 것이다. 그 물음에 대해 플라타너스는 대답 대신 자신의 머리가 '파아란 하늘'에 젖어 있는 모습을 보여준다. 플라타너스는 서정적 주체와 더불어 푸른 하늘을 지향하고 있다. 보다 정확히 말해서 푸른 하늘에 살고 있는 절대자에게 '동화되기'를 소망하고 있다.

기독교 신앙의 원리는 '미메시스적 욕망'에 있다 해도 과언이 아니다.[9] 피조물이 창조자인 절대자를 모방하고 닮아가고 그에 동화되는 삶을 사는 것이 기독교적 생활인 것이다. 제3연에서 보듯 절대자를 닮아가는 길, 곧 모방하는 길은 외롭고도 먼 길이다. 서정적 자아는 그 외롭고도 먼 길을 플라타너스와 짝이 되어 걷는다.

그리고 제4연에서 보듯이, 그런 수고로운 모방의 길이 다하는 날, 플라타너스와 서정적 주체는 '아름다운 별'들이 기다리는 세계로 들어갈 것이라고 기대하고 있다. 그 세계를 찾아가는 모방, 미메시스의 길은 서정적 주체가 사랑하는 창이 열린 길이라고 스스로 위안하고 있다.

이와 같이 절대자를 중심으로 만물이 총체성, 동일성을 이루고 있는 세계는 생명력으로 충만해진다.

---

9) 플라톤 이래 미메시스는 하나의 이데올로기이다. 즉 불완전한 현상계에 존재하는 존재자가 완전한 이데아의 세계를 모방하고 그것에 동화되어 구원받고자 하는 열망이 '미메시스'라는 행위에 내재되어 있다고 볼 수 있다.

그늘,
밝음을 너는 이러케도 말하는고나,
나도 기쁠 때는 눈물에 젖는다(중략)

이 밝음, 이 빛은,
채울대로 가득히 채우고도 오히려 남음이 있고나,
그늘- 너에게서……

내 아버지의, 집
풍성한 大地의 圓卓마다,
그늘,
五月의 새술을 가득 부어라!

이깔나무- 네 이름 아래
나의 고단한 꿈을 한때나마 쉬어가리니
　　　　　　　　　　　　　　　　　—「五月의 歡喜」일부

　미메시스의 대상이 확실하고 그 대상을 중심으로 우주 만물이 동일성을 이루게 되면 사물들은 각각 넘치는 생명력을 발휘한다. 이것이 기독교적인 생명시학이다. 모든 사물들이 생명의 근원인 절대자와 긴밀히 연결되어 있기 때문에 사물들 간에도 넘치는 생명의 교감이 보인다.
　절대자와 긴밀히 연결되어 있는 서정적 주체에게는 그늘조차 밝음의 다른 이름이라 해석하는 삶의 여유가 있다.[10] 절대자로부터 은혜로 내려오는 한량없는 빛과 밝음은 이 우주를 가득히 채우고도 남음이 있다. 서정적 주체는 이 우주를 내 아버지의 집이라 부른다. 그것은 풍성한 원탁의 대지이다. 그 풍성한 원탁마다 오월의 새 술로 가득 부어라 하고 영탄하고 있다. 이렇게 생명과 축복으로 가득한 대지에 서 있는 이

---

10) 손진은,「김현승 시의 생명시학적 연구」, 최승호 편,『21세기 문학의 유기론
　　적 대안』, 새미, 2000, 270면.

깔나무 그늘 아래서 서정적 주체는 고단한 자신의 몸을 쉬게 하고 있다. 이와 같은 기독교적인 생명시학은 근대화가 가져온 불모성과 비생명성을 극복할 수 있는 종교적 대안이 될 수 있을 것이다.

지금까지 살펴본 바와 같이 그의 초기시에는 절대자를 중심으로 한 우주 만물간의 동일성, 총체성이 보인다. 그럼에도 불구하고 그의 초기시에는 말로 설명하기 어려운 고독이 보인다. 이것은 신을 부정하는 데서 오는 고독과는 다르다. 「플라타나스」나 「가을의 기도」에 나타나는 고독은 김현승 자신의 말과 같이 기질적인 고독 내지 사회적인 이유로 인해 오는 고독일 것이다.[11] 그 중 후자, 곧 사회적인 고독은 달리 말해 청교도적 고독일 것이다.[12]

그리고 이러한 고독은 이 시기 김현승이 지니고 있었던 다소 막연한 신앙, 추상적 신앙과도 관련이 있을 것이다. 김현승은 이 시기 「가을의 鋪道」 같은 시에서 "추상적인 신, 추상적인 신들"이라는 애매한 표현을 하고 있음을 볼 수 있다. 이러하기에 「自畵像」[13]같은 시에서는 "내 목이 가늘어 회의에 기울기 좋고"나 "신앙과 이웃에 자못 길들기 어려운 나"와 같이 신앙에 회의적인 모습을 보여주기도 한다. 심지어는 "내가 죽는 날 딴테의 煉獄에선 어느 비문이 열리려나?"와 같이 개신교도에겐 어울리지 않는 발언까지 하게 된다.

---

11) 김현승, 「나의 문학백서」, 276~277면.
12) 곽광수가 김현승의 시에 나타나는 고독을 기질적 고독, 성찰적 고독, 사회적 고독, 형이상학적 고독, 신이 없는 고독 등 다섯 단계로 나눈 바 있다.
    곽광수, 「김현승의 고독」, 숭실어문학회 편, 『다형 김현승 연구』, 보고사, 1996, 86면.
13) 김인섭 편, 『김현승 시전집』, 민음사, 2005, 40면.

3. 미메시스 대상으로서의 절대자 상실

김현승은 1964년경, 그의 나이 50대 초반에 이르러 생의 '길'을 상실하게 된다.[14] 그것은 지금까지 부로모부터 전습되어 오던 신앙에 회의가 오면서부터이다.[15] 기독교인의 경우 신앙을 상실했다는 것은 절대적인 신에 대한 부정에 이르렀다는 것이고, 그것은 삶의 전부를 잃어버렸다는 것을 의미한다. 기독교에서 절대자인 신은 인간이 모방하고 닮고 베끼고 동화됨으로써 자기 정체성을 확보할 수 있는 근원적 존재이다. 신의 존재에 대해 회의하면서부터 그의 관심은 천국에서 지상으로, 신에서 인간으로 기울어지기 시작했다. 이른바 휴머니즘 사상이 신앙심을 대신하기에 이르렀던 것이다. 김현승 개인에게 있어서 이것은 하나의 코페르니쿠스적 전환이었다. 이러한 전환이 본격적으로 나타나기 시작하는 것은 1964년에 발표된 시 「제목」에서부터이다. 이 시기의 작품들은 시집 『견고한 고독』(1968)과 『절대고독』(1970)에 실려 있다.

> 껍질을 더 벗길 수도 없이
> 단단하게 마른
> 흰 얼굴.
>
> 그늘에 빚지지 않고
> 어느 햇볕에도 기대지 않는
> 단 하나의 손발.
>
> 모든 神들의 巨大한 正義 앞엔
> 이 가느다란 창끝으로 거슬리고

---

14) 김현승은 시집 『견고한 고독』에 실려 있는 「길」이나 「무형의 노래」에서 삶의 '길'을 잃어버린 모습을 보여주고 있다.
15) 김현승, 「나의 문학백서」, 『김현승 전집 2』, 시인사, 1985, 274~276면.

생각하던 사람들 굶주려 돌아오면
이 마른 떡을 하룻 밤
네 살과 같이 떼어 주며

結晶된 빛의 눈물,
그 이슬과 사랑에도 녹쓸지 않는
堅固한 칼날- 발 딛지 않는
피와 살.

뜨거운 햇빛 오랜 시간의 懷柔에도
더 휘지 않는
마를 대로 마른 木管樂器의 가을
그 높은 언덕에 떨어지는
굳은 열매
씁슬한 滋養
에 스며 드는
에 스며 드는
네 생명의 마지막 남은 맛!

— 「견고한 고독」 전문

이 시에서는 절대자인 신을 부정하고 그에 대해 회의하는 서정적 주체의 모습이 선연히 드러난다. 오십 평생 신만 의지하고 신만 바라보고 살던 시적 자아는 신을 상실하자마자 파리하게 수척한 모습을 보여준다. 그것은 바로 제1연 "껍질을 더 벗길 수도 없이 단단하게 마른 흰 얼굴"에서 보여진다. 껍질을 더 벗길 수도 없이 단단하게 말랐다는 것은 시적 주체의 생명력이 한없이 위축되었다는 것을 의미한다. 그리고 그 모습이나 인품이 강퍅해졌다는 것도 의미한다. 한편 그것은 자기 내부로 심각하게 좁혀 들어간 모습이기도 하다. 초기시에서 보이던 신과의 교통이 단절되어 있는 상태를 드러내기도 한다.

제2연에 오면 시적 주체가 신과의 관계를 단절하고 자기 내부로 점점 더 깊이 침잠하는 모습을 보여준다. 시적 자아는 신이 만든 그늘에도 빚지지 않고 그 어느 햇빛에도 기대지 않는다. 「오월의 환희」에서 보이듯 초기시에서는 그늘과 햇빛 모두를 신이 내려준 은혜의 선물로 여겨 감사하게 받아들였음에 비해, 중기시에서는 신으로부터 오는 그 어느 것도 거부한다.

제3연에 이르면, 이 당시 그의 神觀이 극명하게 나타난다. 기독교에서는 유일신을 믿는데, 여기서는 그렇지가 않다. 그는 분명한 어조로 '신들'이라고 부름으로써 유일신 사상에 대한 회의와 부정을 나타내고 있다.16) 시적 자아는 모든 신들의 정의 앞에 가느다란 창끝, 즉 손발로 거스르고 있다. "생각하던 사람들 굶주려 돌아오면 이 마른 떡을 하룻밤 네 살과 같이 떼어"준다는 데에 이르면 휴머니즘 사상이 김현승의 가슴을 지배하고 있음을 알 수 있다. 인간의 문제는 인간의 힘으로 해결하겠다는 것이다.

제4연에서는 견고한 칼날과 같은 고독이 보인다. 절대자로부터 내려오는 이슬과 사랑에도 녹슬지 않는, 즉 아무런 영향을 받지 않는 견고한 칼날과 같은 고독을 가지고 살겠다는 것이다. 이 견고한 칼날과 같은 고독은 신을 잃어버린 데서 오는 고독이다. 그 고독은 키에르케고르의 경우와 같이 구원에 이르기 위한 고독이 아니라, 구원을 잃어버리는 고독, 구원을 포기하는 고독이다. 수단으로서의 고독이 아니라 순수한 고독 그 자체이다.17)

순수한 고독 그 자체가 잘 나타나는 것은 제5연에서이다. 절대자로부터 내려오는 뜨거운 햇빛과 오랜 시간의 회유에도 그 견고한 칼날 같은 고독은 휘지 않는다. 이처럼 중기에 이르러 그는 절대자를 상실하

---

16) 김현승 스스로가 이 당시 유일신 사상에 대해 품었던 회의를 기술한 바 있다. 김현승, 「나의 문학백서」, 274~275면.
17) 김현승, 「나의 문학백서」, 277면.

고 절대자와 단절된 삶을 보여주고 있다. 이와 같이 자기정체성을 확보하기 위해 시적 주체가 모방하고 닮고 베끼고 동화되고 싶은 대상으로서의 절대자가 사라진 것은 아래의 시들에서도 보인다.

神도 없는 세상
믿음도 떠나,
내 고독을 純金처럼 지니고 살아왔기에
흙 속에 묻힌 뒤에도 그 뒤에도
내 고독은 또한 純金처럼 썩지 않으련가

—「고독의 순금」 일부

나는 이제야 내가 생각하던
영원의 먼 끝을 만지게 되었다.

그 끝에서 나는 눈을 비비고
비로소 나의 오랜 잠을 깬다.

—「절대고독」 일부

앞의 시에서 우리는 시적 주체가 모방의 대상을 상실하고 심각한 고독에 빠져 있음을 알 수 있다. 이제 그는 영원한 존재인 절대자 대신에 고독의 영원성에 집착하고 있는 모습을 보여주고 있다. 즉 순금처럼 썩지 않는 고독의 절대성을 들고 나온 것이다. 고독의 절대성, 이것은 신을 잃어버린 근대인이 지닐 수밖에 없는 휴머니즘의 극치이다.

그 고독의 절대성은 뒤의 작품에서 더욱 극명하게 나타난다. 시적 주체는 이제야 자신이 생각하던 영원의 끝을 만지게 되었다고 이야기하고 있다. 영원의 끝이란 신이 부재한다는 뜻이고 그 끝에는 무한고독, 절대고독만이 존재할 따름이다. 그 영원의 끝에서 시적 자아는 눈을 비비고 비로소 오랜 잠에서 깨어난다고 함으로써 모방의 대상인 절대자를 상실한 자가 가질 수밖에 없는 휴머니즘 사상을 또 한 번 극적으로 드러내고 있다. 그리고 모방의 대상인 절대자와의 이러한 단절은 시적 주체와 사물들 간의 비동일성을 초래한다.

애오라지 나의 살결을 사랑할 뿐
당신은 나의 뼈를 사랑하지 않는다.
당신은 잿속에서 나의 뼈를 추리지만
당신은 그 속에서 내 속삭임을 추릴 수는 없다

당신마저도 나의 곁을 스쳐 가고 만다
나를 사랑하지 못한다
당신의 팔은 짧아서 나의 목을 겨우 두르고 만다.

당신은 나의 입술을 지나
나에게 뜨겁게 입맞출 줄을 모른다.
당신은 내 무덤 위에 꽃을 얹지만
당신의 나는 언제 고요히 눈을 감았던가?

당신은 끝내 나의 겉을 어루만지고 만다,
나를 사랑하지 못한다.
당신의 팔은 나의 가는 허리를 두르고 있다.

살과 뼈를 붙일 수 없는
살과 뼈에 가로막힌 나는
당신의 사랑이 그리워 오늘도 당신의
집 앞을 지나고 있다.
허전한 바람과 같이 나는
당신의 집 앞을 맴돌고 있다.

　　　　　　　　　　　　　　　　　— 「당신마저도」 전문

이 작품에서는 사랑하는 대상인 '당신'과 시적 주체 사이의 분열과 단절을 읽을 수 있다. 시적 주체가 사랑하는 대상인 '당신'은 시적 주체를 사랑하지 않는다. 시적 주체는 전심으로 자신이 사랑하는 대상인 '당신'을 사랑하려고 노력하고 있음에도 불구하고 그 대상인 당신은 시적 주체의 살결, 즉 외양만 사랑할 뿐이다. 시적 주체의 뼈를 사랑하지는 않는다. 대상인 당신은 잿속에서 시적 주체의 뼈를 추리지만 그 속에서 시적 주체의 속삭임, 곧 영혼을 추릴 수는 없다. 두 존재 사이에 진정한 사랑이 결여되어 있다. 즉 동일성이 파괴되어 있다. 기독교식으로 말하자면, 우주 만물의 창조자이며 관리자인 절대자 '하나님'은 총체성의 초월적 중심이다. 모든 만물은 절대자를 모방하면서 자기정체성을 이루어내며 다른 피조물들과 화해로운 관계를 맺고 있다. 즉 은유적 총체성을 형성하고 있다.

그런데 위의 작품에서는 가장 사랑하는 존재들 사이에서도 사랑이 의심스럽다. 이 시에 나오는 당신은 사랑하는 사람일 수도 있고 '하나님'일 수도 있다. 만약 당신이 '하나님'인 경우, 그 '하나님'은 결코 절대적인 존재, 완전한 존재가 되어주지 못한다. 그 당신은 언제나 시적 주체의 곁을 스쳐가고 만다. 당신의 팔은 짧아서 시적 주체의 목을 겨우 두르고 마는 무능력한 존재에 지나지 않는다. 전능한 절대자에 대한 불신이 시작되는 지점이다.

그 당신은 시적 주체의 입술을 지나 시적 주체에게 뜨겁게 입맞출 줄을 모른다. 이것은 그 당신이라는 존재가 시적 주체를 깊이 인격적으로 사랑할 의지가 없음을 드러낸다. 이제 시적 주체는 그 당신이라는 존재의 사랑을 의심하고 있다. 그 당신이 시적 주체의 무덤에 꽃을 얹었지만 시적 주체는 언제 고요히 눈을 감았던 적이 있었던가 하고 묻고 있는 데서 당신이라는 존재의 사랑의 진정성에 의혹을 제기하고 있다.

그럼에도 불구하고 시적 주체는 그 당신과의 완전한 만남, 완전한 사랑, 곧 진정한 동일성을 희구하고 있다.[18] 살과 뼈를 붙일 수 없는,

살과 뼈에 가로막힌 시적 주체는 오늘도 당신의 진정한 사랑이 그리워 당신의 집 앞을 지나고 있다. 허전한 바람과 같이 당신의 집 앞을 맴돌고 있다고 고백하는 데서 시적 주체의 간절한 열망을 읽을 수 있다. 이 열망이 동일성 회복의 원동력이 된다. 이 열망이 아주 없어질 때 서정성, 곧 동일성은 완전히 해체되고 만다. 이 동일성 회복을 열망하는 마음 한 귀퉁이에 시적 주체에 의해 쫓겨났던 절대자인 신이 失地를 복구하고 있었던 것으로 보인다.

한편 사물들 간 진정한 동일성이 의문시되던 이 시기에 사물들은 생명력을 상실하고 거칠고 메마른 모습을 보인다.

마른 열매와 같이 단단한 나날,
주름이 고요한 겨울의 가지들,
내 머리 위에 포근한 눈이라도 내릴
灰色의 가란진 빛깔,
남을 것이 남아 있다.//(중략)

낡은 의자에 등을 대는
아늑함,
문틈으로 새어드는 치운 바람,
질긴 근육의 창호지,
책을 덮고 문지르는 마른 손등,
남을 것이 남아 있다.

뜰 안에 남은
마지막 잎새처럼 달려 있는
나의·신앙
그러나 舊約을 읽으면

---

18) 금동철, 「김현승 시의 '고독'과 은유의 수사학」, 오세영·최승호 편, 『한국현대시인론 Ⅰ』, 2003, 412~413면.

그나마 바람에 위태로이
흔들린다
흔들린다.

—「겨우살이」 일부

위의 시에는 생명력이 심히 위축된 사물들이 보인다. 이것은 시적 주체가 생명의 근원인 절대자와 단절되어 있기 때문이다. 기독교적으로 말해서 절대자와 사물이 분리되면 모든 사물들이 생명력을 잃게 된다. 이 작품에서 시적 화자는 자신의 신앙이 뜰 안에 남은 마지막 잎새처럼 달려있다고 고백하고 있다. 특히 구약을 읽으면 그 마지막 잎새같은 신앙도 바람에 위태로이 흔들린다고 솔직하게 자백하고 있다. 용서와 사랑의 '하나님'의 모습이 주로 나타나는 신약 대신 엄위의 '하나님'이 주로 나타나는 구약을 읽을 때 오는 신앙의 회의를 말하고 있는 것이다.

이 시기 시적 주체의 삶은 마른 열매와 같이 단단하다. 수척하게 메말라 생명력이 심하게 고갈되어 있다. 겨우살이처럼 겨우겨우 겨울을 나는 쇠잔한 모습이 보인다. 문틈으로도 추운 바람만 몰아붙고 있다. 창호지도 질긴 근육처럼 그로테스크 하다. 그 속에서 시적 화자는 메마른 손등만 문지르고 있다. 남을 것이 남아 있다. 화려하고 약동적인 것은 다 사라지고 생명력이 위축된 것들만 남아 있다는 말이다.

그러나 '마른 열매'라는 고독한 존재에 대해 눈여겨 볼 필요가 있다. 마른 열매는 생명력이 위축되어 있을 뿐 죽은 것은 아니다. 그 속에는 봄이면 다시 부활할 씨앗이 들어있다. 이 시기 김현승의 신앙도 이와 같았을 것이다. 시 여기저기에서 신에 대한 회의와 부정을 토로하면서도 그는 진정으로 절대자에 대해 완전부정을 하지는 않고 있는 모습을 이 시에서 보여주고 있다. '마지막 잎새' 같은 신앙도 그러하다. 이로 보아 그는 이 시기에 절대자를 완전히 버리지는 않았던 것이다. 그것은 앞에서 「당신마저도」를 분석할 때도 확인했던 것이다.

4. 절대자에 대한 미메시스의 실현

1973년 3월 고혈압으로 쓰러지고 난 뒤 김현승의 시세계는 급격하게 바뀐다. 지금까지 자신의 삶에서 변두리로 밀려난 절대자가 다시 생의 중심으로 돌아오게 되었다. 초기시에서 보이던 막연한 신앙이 아니라, 구체적이고 체험적인 신앙이 자리잡게 되었다. 그리고 그 신앙은 관념적인 것이 아니고 일상성에 뿌리를 내린 것이었다. 이제 절대자 하나님은 초기에 보이던 추상적이고 관념적인 신이 아니라 살아있는 인격적인 신의 모습을 보여주고 있다. 이 시기의 작품들은 주로 유고집 『마지막 지상에서』(1975)에 실려 있다.

> 몸되어 사는 동안
> 시간을 거스를 아무도 우리에겐 없아오니,
> 새로운 날의 흐름 속에도
> 우리에게 주신 사랑과 희망— 당신의 은총을
> 깊이깊이 간직하게 하소서.
>
> —「新年祈願」 일부

> 우리가 때때로 멀고 팍팍한 길을
> 걸어가면
> 나무들도 그 먼 길을 말없이 따라오지만,
> 우리와 같이 위로 위로
> 머리를 두르는 것은
> 나무들도 언제부터인가 푸른 하늘을
> 사랑하기 때문일까?
>
> —「나무」 일부

「신년기원」에서 우리는 절대자에 대한 김현승의 달라진 태도를 읽을 수 있다. 중기시에 보이던 절대자 신에 대한 회의와 부정은 완전히 사라지고 없다. 대신 절대자의 은총에 대한 감사의 기도가 있을 따름이다. 인간이 육체를 가지고 사는 동안 그 누구도 시간을 그스를 수 없다고 고백하고 있다. 이는 육체를 가진 존재가 시간을 직접 관리하고 있는 절대자의 섭리에 순응해야 함을 역설하고 있는 것이다. 그럴 때 절대자가 베푸는 사랑과 희망을 깊이깊이 간직하게 된다는 것이다.

다음 연에서 시적 주체는 절대자의 섭리에 순응하는 삶을 살게 되면, 육체는 낡아지나 마음은 새로워지는 삶을 살게 된다고 고백하고 있다. 즉 시간은 흘러가도 우리의 목적은 날로 새로워진다는 것을 말함으로써 인생의 목표가 절대자의 품에 안기고 그를 의지함에 있다고 표명하고 있다. 이는 중기시에서 보이던 인간중심사상, 즉 휴머니즘을 벗어던지고 신의 절대주권에 귀의한 모습이다. 돌아온 탕자의 모습이다. 여기서 우리는 절대자를 전적으로 의지하는 시적 주체의 모습을 보게 된다.

「나무」라는 시에서 나무는 의인화되어 있는 존재이다. 그 나무는 시적 주체와 더불어 절대자를 경외하며 멀고 힘든 길을 걸어가고 있다. 그것은 절대자를 모방하고 그에게 동화되어 가는 길이다. 즉 절대자에 대한 미메시스를 통해 구원에 이르고자 한다. 이때 미메시스는 확실히 시적 구원에 이르는 한 방식이 된다. 그 나무는 시적 주체와 같이 머리를 위로 위로 두르며 천상세계를 향하고 있다. 절대자에게 동화되기를 열망하고 있다. 플라톤에 따르면[19], 미메시스적 욕망은 에로스적 욕망에 다름 아니다. 미메시스적 욕망은 지상적 존재가 초월적 존재를 사모하는 가운데서, 달리 말해 초월적 존재와 합일을 꿈꾸는 데서 성취된다.

이렇게 시적 주체와 절대자와의 바람직한 관계가 회복되자, 사물들 사이의 동일성도 자연스럽게 회복된다. 왜냐하면 절대자는 만물들 간 통합의 구심점이기 때문이다. 다음에 인용하는 「고백의 시」(1974. 4.)에서 우리는 회복된 동일성을 확인할 수 있을 것이다.

---

19) 플라톤(박희영 역), 『향연』, 문학과지성사, 2004, 140~144면.

나도 처음에는
내 가슴이 나의 시였다.
그러나 지금 이 가슴을 앓고 있다.

나의 시는
나에게서 차츰 벗어나
나의 낡은 집을 헐고 있다.

사랑하는 것과
사랑을 아는 것과는 나에게서 다르다.
금빛에 입맞추는 것과
금빛을 캐어내는 것과는 나에게서 다르다.

나도 처음에는 나의 눈물로
내 노래의 잔을 가득히 채웠지만,
이제는 이 잔을 비우고 있다.
맑고 투명한 유리빛으로 비우고 있다.//(중략)

나의 시는 둘이며 둘이 아닌
오직 하나를 위하여,
너와 나의 하나를 위하여 너에게서 쫓겨나며
나와 함께 마른다!
무덤에서도 캄캄한 너를 기다리며

—「고백의 시」 일부

위의 시에서 보듯이 시적 주체는 삶의 일대 전환을 노래하고 있다. 시적 주체에게 있어서 시는 가슴에서 솟아나는 것이었는데, 지금 그는 가슴을 앓고 있다. 그렇지만 그의 시는 곧 자신의 가슴에서 벗어나 자신의 낡고 병든 집을 부수어버린다. 이것은 타자와의 모든 관계가 단절된 고독의 성채를 헐어버린다는 뜻이다. 그 견고하던 고독, 절대고독의

성채를 부수어버리고 신과 다른 사물들과 소통하기 시작한다는 뜻이
담겨있다.

시적 주체에게 있어서 가장 중요한 것은 진정한 사랑과 소통이다.
그래서 그는 사랑하는 것과 사랑을 아는 것이 자기에게는 다르다고 분
명히 천명하고 있다. 금빛에 입맞추는 것과 금빛을 캐어내는 것도 자기
에게는 다르다는 것이다. 즉 인생에 있어서 가장 소중한 것은 단순히
그것에 입맞추는 행위가 아니라, 그것을 캐어내 향유해야 한다는 것
이다. 이처럼 그에게 중요한 것은 실천적 행위, 실천적 사랑이라는 것
이다.

시적 주체도 처음에는 고독에서, 고독의 병에서 오는 눈물로 자신의
노래의 잔을 가득 채웠지만 이제는 그 고독의 잔을 비우고 있다고 고백
한다. 대신 맑고 투명한 유리빛, 광휘에 찬 생명의 빛으로 채우고 싶어
한다. 이는 진정한 생명과 그 생명의 근원에 재차 눈을 떴기에 가능한
고백인 것이다.

이러한 생명의 참빛에 눈을 뜬 시적 화자는 사물들 간 진정한 통합과
화해를 모색한다. 이제부터 자신의 시는 둘이며 둘이 아닌 상태, 오직
하나를 위하여 매진할 것을 꿈꾼다. 여기서 말하는 둘이며 둘이 아닌
것, 오직 하나란 말은 매우 의미심장한 언표행위이다. 둘이며 둘이 아
니고 하나란 말에는 시적 주체가 대상과의 진정한 통합, 바람직한 은유
적 통합을 갈망하고 있다는 의미가 담겨 있다.

진정한 통합, 바람직한 은유적 통합이란 사물들 사이의 차이성을 인
정한 가운데 유사성, 동일성을 찾겠다는 것이다. 바람직한 통합은 사회
구성원들 간 차이, 자유를 보장한 가운데 변증법적 합일을 이루어낸다
는 이데올로기가 들어가 있다. 그것은 성숙한 시민사회를 위해 너무나
중요한 것이다.[20]

---

20) 김준오, 『시론』, 삼지원, 1997, 177면.

사실 이 당시 남한에서도 북한에서도 은유적인 이데올로기가 지배하고 있었지만, 그 어느 곳에서도 바람직한 은유적 체제가 자리잡고 있지 못했다. 대신 파시즘적인 은유체제가 기승을 부리던 때였는데, 이런 시기에 김현승이 바람직한 은유적 이념을 내세운 것은 의미심장하다 하겠다. 파시즘적인 은유, 이것은 근대 주체중심주의가 봉착한 파국의 한 양상이다. 김현승이 제기한 은유적 이념은 근대사회가 안고 있는 이런 부정적인 측면을 극복하는 한 방식으로서 의미가 있다고 보여진다. 그리고 1990년대 이후 병적으로 확산되어가는 해체화의 물결에 맞서는 방법으로도 그의 은유적인 이념은 의미가 크다 하겠다.

절대자를 중심으로 해서 사물들 사이에 동일성이 회복되자, 사물들이 잃어버렸던 생명력을 회복하게 된다.

> 봄에는 뻐꾸기 소리
> 가을에는 기러기 소리
> 들으며
> 들으며
> 낚시터 물가에 앉아 있으면
> 봄엔
> 불타는 진달래
> 가을엔 노란 들국화.
>
> ─「낚시터 서정」일부

고혈압으로부터 회복된 후 노경에 접어든 김현승은 자신을 비롯한 만물들의 생명력을 즐긴다. 봄에 뻐꾸기가 울고 가을에 기러기 소리가 나는 것은 당연하다. 그러나 그 당연한 자연 현상에서 생명의 미를 발견하고 형상화하는 것은 아무나 하는 것이 아니다. 시란 자연이 지닌 미세한 생명의 흐름이나 움직임을 감지할 때 나오는 것이다.

시적 주체는 봄 뻐꾸기 소리와 가을 기러기 소리를 들으며 즐기고 있다. 단지 자연의 생명력을 안다는 것과 그것을 즐긴다는 것은 차이가 있다. 미란 자연이 지닌 생명의 이치를 깨달은 후 그것을 즐길 때 실현되는 것이다. 그래서 시적 주체는 〈들으며〉를 두 번이나 반복해서 강조하고 있다. 봄엔 진달래가 불타듯 피고, 가을엔 들국화가 노랗게 핀다. 모든 사물들은 절대자의 사랑과 섭리 안에서 제 자신이 부여받은 생명적 본질을 마음껏 발휘하고 있다. 이것은 기독교적인 생명시학으로 근대화가 초래한 비생명성을 극복할 하나의 대안이 될 수 있다.

> 산 까마귀
> 긴 울음을 남기고
> 地平線을 넘어갔다.
>
> 四方은 고요하다!
> 오늘 하루도 아무 일도 일어나지 않았다.
>
> 넋이여, 그 나라의 무덤은 평안한가.
>
> ─「마지막 지상에서」 전문

김현승은 1975년 4월 고혈압으로 재차 쓰러지면서 영면에 든다. 위의 작품은 영면에 들기 두 달 전인 1975년 2월에 『현대문학』에 발표된 것이다. 여기에는 자신의 죽음을 예감하며 마음으로 준비하고 있는 모습이 보인다. 김현승의 시에 많이 나오는 까마귀는 '영혼의 새'라고 불린다.[21] 특별히 김현승에 있어서 개인 상징[22]으로 나타나는 이 까마귀는 자신의 영혼에 앞서서 멀리 날아가고 있다. 김현승의 영혼이 갈 바를 향해 까마귀가 앞서 날아가는 것이다. 그 까마귀는 지금 지평선을

---

21) 김현승, 「겨울 까마귀」, 김인섭 편, 『김현승 시전집』, 2005, 188면.
22) 권영진, 「김현승 시와 기독교적 상상력」, 숭실어문학회 편, 『다형 김현승 연구』, 보고사, 1996, 38면.

넘어갔다. 여기에서의 지평선이란 이생과 저생 간의 경계이다. 이미 시적 주체의 생명이 저물대로 저물었다는 뜻이다.

죽음을 맞이하고 있는 시적 주체의 마음은 고요하고도 평화롭다. 오늘 하루 아무 일도 일어나지 않았다는 데서 죽음을 준비하는 자의 여유를 볼 수 있다. 넋이여, 하고 자신의 영혼을 객관화해서 부르는 데서 그런 여유를 다시 확인할 수 있다. 그리고 자신의 넋에게 그 나라의 무덤은 평안한가 하고 의례적인 질문을 하고 있다. 이런 의례적인 물음은 죽음에 대해 만반의 준비가 된 자가 할 수 있는 것이다. 시적 주체가 이렇게 죽음에 대해 만반의 준비를 끝낼 수 있는 것은 구원의 확신을 지니고 있기 때문이다.[23] 시적 주체가 확신하고 돌아갈 저생은 낙원이요, 유토피아이다.[24] 모든 사물이 절대자를 중심으로 해서 동일성과 조화를 이루며 평안히 쉴 수 있는 안식처이다. 낙토로서의 저생은 시적 주체에게 있어서 마음 놓고 모방할 수 있는 대상으로 존재한다. '창조적 모방'을 강조하는 리꾀르에 따르면, 미메시스란 현실의 단순한 반영이 아니라 '새로운 세계', 보다 나은 세계의 개시이다.[25]

5. 꼬리말

본고에서는 김현승 시에 나타나는 서정화 방식을 살펴보았다. 그 서정화 방식을 서정적 주체와 대상인 절대자와의 관계에서 살펴보았다. 절대자와 서정적 주체 간의 관계 여하에 따라 동일성의 시학과 비동일성의 시학이 전개되는 것을 살펴보았다. 그리고 그 동일성 여부에 따라

---

23) 신익호, 「김현승 시에 나타난 기독교의식」, 숭실어문학회 편, 『다형 김현승 연구』, 보고사, 1996, 331~334면.
24) 금동철, 앞의 논문, 419면.
25) P. 리꾀르, Metaphor vive, Seuil, 1975, 13~69면.

사물들이 지닌 생명력의 상태가 결정되는 것도 살펴보았다.

여기서는 김현승의 시적 편력을 세 단계로 나누어 살펴보았다. 제1기인 초기시는 1934년 데뷔시절부터 1963년경까지로 잡아보았다. 이 시기는 비록 부모로부터 전습된 신앙이지만 절대자에 대해 이렇다 할 회의를 보이지 않던 때이다. 이 시기 서정적 주체와 대상인 절대자 간에는 화해로운 관계가 형성되어 있다. 절대자는 서정적 주체에게 은혜를 베푸는 존재이고, 서정적 주체는 감사하는 마음으로 절대자에게 신뢰를 보내고 있다.

초기시에서 우주 만물들은 절대자를 중심으로 은유적 동일성, 은유적 총체성을 형성하고 있다. 그리고 그 은유적 총체성은 피조물들이 초월적 중심인 절대자를 모방하고 닮고 베끼고 그에게 동화되는 가운데서 이루어진다. 사물들이 지닌 이 미메시스적 욕망이 충족되면, 사물들의 생명력도 충만해진다.

그런데 이런 미메시스적 욕망의 충족에도 불구하고, 김현승의 초기시에는 말로 설명하기 어려운 고독이란 아우라가 서려 있다. 그것은 기질적인 측면에서 또는 사회적인 면에서 설명되어질 수도 있겠으나, 당시 김현승이 지닌 다소 추상적이고 관념적인 신앙 때문으로 보인다.

제2기인 중기시에는 절대자인 신에 대해 회의하고 부정하는 모습을 보여준다. 우주를 창조하고 관리하는 초월적 중심이 무너졌을 때, 그것도 오십 평생 믿고 의지해오던 존재가 사라졌을 때 오는 충격은 엄청난 것이었다. 그는 모방의 대상을 잃어버리고, 즉 '길'을 상실해버리고 철저한 고독 속으로 빠져든다. 이런 고독을 그는 '신을 잃어버린 고독', '견고한 고독' 또는 '절대고독'이라 부른다. 절대고독은 무한 고독이기도 한데, 그는 절대자가 사라진 공허한 공간에 그 무한 고독을 옮겨다 놓는다. 고독의 영원성만이 그를 지켜주는 버팀목이 된다. 절대자와의 이러한 단절은 사물들 간 동일성의 상실을 초래한다. 그리고 사물들 간에 보이는 이러한 비동일성은 비생명성으로 귀결된다.

제3기인 후기시에 이르면, 김현승은 신앙을 다시 회복하게 된다. 자신이 회의하고 부정하던 신을 다시 찾게 된 것이다. 이 시기에 이르면 시적 주체와 대상인 절대자와의 관계는 정상적인 것으로 회복된다. 절대자는 우주의 초월적 중심으로 존재한다. 은유적 총체성의 원리로 존재하며 시적 주체와 다른 피조물들을 관리한다. 그리고 초기시에서보다 훨씬 구체적이고 체험적인 신앙의 모습을 보여주고 있다. 이 시기 김현승 시에 보이는 절대자는 관념적이고 추상적인 신이 아니라, 인격적인 신의 모습을 하고 있다. 그런 만큼 사물들 간의 동일성도 훨씬 생생하다. 그리고 사물들은 생명력으로 넘치고 있다.

참 고 문 헌

곽광수, 「김현승의 고독」, 숭실어문학회 편, 『다형 김현승 연구』, 보고사, 1996, 86면.

권영진, 「김현승 시와 기독교적 상상력」, 숭실어문학회 편, 『다형 김현승 연구』, 보고사, 1996, 30면.

금동철, 「김현승 시의 '고독'과 은유의 수사학」, 오세영 · 최승호 편, 『한국 현대시인론 I』, 새미, 2003, 412~413면.

김인섭, 「김현승의 의식세계」, 숭실어문학회 편, 『다형 김현승 연구』, 보고사, 1996, 99~107면.

김인섭, 「김현승의 시적 체질과 초월적 상상력」, 김인섭 편, 『김현승 시전 집』, 민음사, 2005, 619면.

김재홍, 「다형 김현승」, 『한국현대시인 연구』, 일지사, 2004, 288면.

김준오, 『시론』, 삼지원, 1997, 177면.

손진은, 「김현승 시의 생명시학적 연구」, 최승호 편, 『21세기 문학의 유기 론적 대안』, 새미, 2000, 270면.

신익호, 「김현승 시에 나타난 기독교의식」, 숭실어문학회 편, 『다형 김현승 연구』, 보고사, 1996, 331면.

홍기삼, 「김현승론」, 숭실어문학회 편, 『다형 김현승 연구』, 보고사, 1996, 282~284면.

Adorno, Th. W., Horkheimer, M(김유동 역), 『계몽의 변증법』, 문학과지성사, 2001, 33면.

Plato(박희영 역), 『향연』, 문학과지성사, 2004, 140~144면.

Ricoeur, P., Metaphor vive, Seuil, 1975, 13~69면.

조지훈 「낙화」

꽃이 지기로소니
바람을 탓하랴.

주렴 밖에 성긴 별이
하나 둘 스러지고

귀촉도 우름 뒤에
머언 산이 닥아서다.

촛불을 꺼야하리
꽃이 지는데

꽃지는 그림자
뜰에 어리어

하이얀 미닫이가
우련 붉어라.

묻혀서 사는 이의
고운 마음을

아는 이 있을까
저허하노니

꽃이 지는 아침은
울고 싶어라.

「낙화」에 나타난 무시간성과
제유적 세계 인식

1

조선조 사대부들의 시는 쉬운 듯 하면서도 어렵다. 그들의 후예들인 이병기, 정지용, 조지훈 등 문장파 시인들의 자연서정시 또한 일견 평이한 듯 하면서도 그 깊은 의미를 파악하고자 하는 사람들에게 상당한 어려움과 당혹스러움을 가져다주는 게 사실이다. 이들의 산수시 또는 자연서정시가 어려워 보이는 것은 어떤 현학적인 내용이 들어가 있어서가 아니다. 그렇다고 까다로운 기법 때문도 아니다.

사실 그들의 시작품이 생각보다 접근하기 어려운 것은, 역설적으로, 겉으로 보이는 평이함 때문인지도 모른다. 겉으로 보이는 평이함 너머에 뭔가 있을 듯 없을 듯, 알 듯 모를 듯 한 심오한 정신세계가 자리잡고 있는 것처럼 느껴지기 때문이다. 더군다나 대가의 작품일수록 겉으로는 더욱더 평이하고 단순해 보인다. 그냥 간단한 풍경시 내지 事物詩만으로 보이는데 그 속에 고도의 형이상학이 들어있다고 하니 독자들의 입장에서 보면 주눅들지 않을 수 없다. 다시 말해서 지극히 단순하고 소박해 보이는 산수시 앞에서 독자들은 아찔한 현기증을 느끼는 것이다. 현기증, 이것이 바로 산수시 속에 내포되어 있는 난해성의 비밀이다.

전통적으로 산수시는 동양인들의 세계관을 바탕으로 하고 있다. 이때 '산수'는 단순한 물리적인 자연물이 아니라 동양인들의 세계관이 들어있는 정신적 실체로 취급되어 왔다. 그들의 관념에 따르면, 자연 속에는 형이상학적인 理法이 들어가 있다. 따라서 자연은 그 자연의 일부인 인간과 정신적인 생명적인 교감을 하고 있는 것으로 보고 있다. 산수시가 지닌 미학의 요체는 바로 시적 자아인 인간과 대상인 산수자연과의 정신적 생명적 교감에 있다. 이러한 교감이 철학적으로는 '感應(감응)'이라 불리고, 시학적으로는 의경론, 정경론, 생명시학, 형이상학론 등으로 설명된다.

그런데 전통시학 또한 쉬운 듯 하면서도 만만찮게 어렵다. 한결같이 직관적인 용어들로 구성되어 있기 때문이다. 氣라는 용어 하나만 하더라도 이것은 결코 근대 과학적인, 논리적, 분석적 개념이 아니다. 직관적이라는 것은 체험적인 것이다. 동양시학은 체험되지 않으면 도무지 이해될 수 없다. 그래서 어렵고 난해하다 할 수 있다.

조지훈의 초기 자연서정시들도 예외가 아니다. 그것들은 그저 단순한 서정 소품처럼 보인다. 일제말기 파시즘이라는, 모든 것을 얼어붙게 하는 시절에 이런 음풍농월처럼 보이는 한가한 시가 도대체 무슨 의미가 있을 것인가 하고 의문을 가지게 한다. 김일성 부대나 김구 부대처럼 총을 들고 직접 싸우는 것도 아니고, 의열단원 이육사처럼 장렬하게 죽음으로 맞서지도 못한 채 나약하게 자연으로 도피하는 것처럼 보이는 면이 있는 것도 사실이다. 그럼에도 불구하고 많은 사람들이 결코 이들 시를 무시하지 못하고 애송한다는 사실 또한 그 속에 심오하고 신비한 그 무엇이 있어 보이게 한다. 도대체 이들 시가 지닌 마력은 무엇인가.

조지훈의 초기 자연서정시는 대부분 은거생활과 관련되어 있다. 월정사 은거시기와 고향 마을에서의 은거시기로 나뉜다. 초기 은거시기에 나온 작품들로 「마을」, 「달밤」, 「古寺」, 「山房」 등을 들 수 있다. 이들 작품을 두고 조지훈 자신은 禪味(선미)와 觀照(관조)에 뜻을 둔 '슬프지 않은 자연시'라 부른다. 첫 번째 은거 시기는 1942년 4월에서 同年 12월까지이다. 조지훈은 월정사에서 外典講師로 있었는데, 그가 선미와 관조에 뜻을 둔 까닭으로는 보통 다음과 같이 두 가지를 들고 있다. 첫째는 시대적으로 어지러운 머리를 가누기 위해서, 즉 심산의 고찰을 택하여 자기침잠의 공부에 들기 위해서라는 것이고, 둘째는 불교에 심취하여 선적 자연관을 맛보기 위해서라는 것이다.

고향마을에서의 은거 시기는 1943년 9월부터 8·15해방까지이다. 조지훈은 조선어학회 사건과 관련하여 일경에 문초를 당하고 풀려났다. 당시 그는 심한 신경성 위장병을 앓았다. 그리고 북해도행 징용검사를 받고 건강이 나쁘다는 이유로 머리만 깎인 채 방면되었다. 이 당시 그는 낙향하여 집에서 살지 않고 근처에 초막을 짓고 숨어살았다. 이 두 번째 은거시기에 나온 작품들에는 강한 슬픔이 녹아들어 있다. 이것은 두 번째 은거시기가 시대적으로나 개인적으로 훨씬 더 불우했기 때문이다. 첫 번째 월정사 은거시기에는 불교적 선적 색채가 강하게 나타나고, 두 번째 고향마을에서의 은거시기에는 정통 유가적인 냄새가 짙다. 「낙화」는 바로 두 번째 은거시기에 나온 대표작이다. 以上이 「낙화」를 이해하기 위한 배경지식이라 할 수 있다.

2

유가들의 자연서정시에는 일반적으로 피는 꽃보다 지는 꽃이 더 많이 나타나는 경향이 있다. 피는 꽃이 나올 경우도 활짝 핀 만개한 꽃이라든가 무수한 꽃이 아니고, 드문드문 핀 몇 송이의 꽃이 등장할 때가 많다. 화려함은 유가들의 자연서정시에 어울리지 않는다. 소박함, 단순성, 겸손함 따위가 그들의 미학이다. 자연 속에서 자연과 더불어 흔적 없이 살아가고 싶어하는 그들의 미학은 처세의 한 방법이기도 하다. 그들은 항상 '출처'를 반복한다. 出이란 상황이 좋아서 공적 생활로 나아가 활동하는 경우이고, '處'란 상황이 나빠 자연으로 돌아와 은둔하는 생활이다. '出'이란 '동락'과 '겸선'을 지향하고, '處'란 '독락'과 '독선'을 지향한다. 그런데 그들의 출처관에서 보자면, 獨樂과 獨善은 同樂과 兼善을 전제로 하고 있다. 그들은 자신을 비롯하여 세상의 생명력이 충일하고 약동적이면 공적 생활로 나아가 '天下之樂'을 실현하려 한다. 그러다가 생명력이 위축되거나 억압받으면 修身을 위해, 즉 생명력의 고양을 위해 자연으로 돌아와 은둔한다. 은둔이란 결코 도피가 아니다. 생명력을 축적하며 다시 한번 때를 기다리는 것이다. 이 '때'의 철학이 유가들의 미학에 있어서 한 핵심이 된다.

유가들은 삼라만상에 다 때가 있다고 본다. 나아갈 때가 있고 물러갈 때가 있다고 본다. 성취할 때가 있고 실패할 때가 있다고 본다. 현인들은 이 때, 사물들의 운명을 잘 알고 대처해야 한다는 것을 강조하고 있다. 그것이 처세의 미학이다. 그런데 이 '때'의 관념은 유가적인 것이어서 순환론적인 성격을 띠고 있다. 근대 부르주아들의 직선적인 시간 관념을 초월해 있다는 점에서 이 '때' 의 관념은 유가들의 미학을 이해하는 데 관건으로 작용한다.

> 꽃이 지기로소니
> 바람을 탓하랴.

이 짧은 싯구 속에 엄청난 미학이 들어 있다. 박호영 교수에 따르면, 꽃이 지는 것은 바람의 탓이 아니라 꽃 자신이 품수한 理 때문이라는 것이다. 즉 氣 때문이 아니라 그 기를 초월한 우주적 법칙인 理 때문이라는 것이다. 이것은 바로 영남 사림파들의 처세미학이다. 그것은 퇴계의 주리론적 사고에서 내려오는 것이다. 지금은 비록 만물이 얼어붙고 이우는 파시즘의 계절이지만 언젠가 봄이 돌아오리라는 것, 우주의 순환법칙처럼 정확히 회복되리라는 것을 믿고 있다. 이러한 '때'의 철학이 바로 그로 하여금 동토의 시절에도 유유자적하게 만드는 것이다.

유유자적이란 하나의 저항적인 미의식이다. 불우한 상황에 있는 사람이 인내로써 견뎌내는 방식이다. 그의 말대로, 隱逸(은일)은 일단 현실에서의 패배를 인정하고 재기를 꿈꾸는 삶의 방식이다. 슬퍼해야 할 상황에서 자적하는 삶, 그것은 성숙한 삶의 방식이다. 고향마을에서의 은거시기에 쓰여진 대부분의 자연서정시 속에는 사물들의 생명력이 위축되어 있다. 시적 자아도 대상도 생명력이 위축되어 있으면서 현상유지적으로 교감하고 있다. 한없이 위축되어질 수밖에 없는 상황에서 더 이상 위축되지 않고 현상유지적으로 교감하는 것 역시 생명력을 위축시키는 세력에 대한 저항방식이다. 좁게는 파시즘에 대한 저항이고 넓게는 그 파시즘을 초래한 근대 서구 자본주의적 삶에 대한 비판이다.

보통의 전통적인 자연서정시와 마찬가지로 「낙화」가 지닌 난해함의 한 원인은 이 시의 구조에 있다. 이 시의 구조는 '느슨한 총체성'을 형성하고 있다. 서구 낭만주의 시에서 보이는 유기적인 총체성도 아니고, 리얼리즘 시에서 보이는 유물론적 총체성도 아니다. 사물과 사물 사이의 관계는 뉴튼 물리학에서처럼 인과론적 관계를 맺고 있지 않다. 동양적인 세계인식 방법으로 보면, 사물과 사물은 서로 매우 민주적인 관계를 맺고 있다. 한 사물이 다른 사물을 지배하지도 않고, 인식 주체가 자연물인 대상을 타자화시키지도 않는다. 느슨한 총체성이란 총체성을 지향하되 강력한 주체(중심)가 없다는 것이다. 모든 사물들은 각자가 자기중심을 형성하며 음양관계로 서로 감응하고 있다. 이때 모든 사물들은 각각 부분이면서 전체를 대표한다. 사물 하나 하나가 우주적 대표성을 지닌다는 것이다. 이것은 바로 제유적인 세계인식 방법이다. 그런데 조지훈과 같은 유가들에게 있어서 제유란 은유를 지향하고 있는 개념이다. 그들에게 있어서 사물들 사이의 유기적 관계란 우주적인 一者 개념을 전제로 하고 있다. 一者로서의 태극이 비록 느슨하지만 유기적인 총체성을 확보하고 있다.

이 작품에서 보면 꽃, 주렴 밖의 성긴 별, 귀촉도 울음, 머언 산, 촛불,

하이얀 미닫이 등 몇 개의 사물들이 나온다. 이들 사이의 관계는 결코 인과론적이지 않다. 인과적이지 않다는 것은 사물들 사이의 관계가 논리적이지 않다는 것이다. 논리적이지 않다는 것은 시간적 선조구성을 이루고 있지 않다는 것이다. 근대 서구적 세계인식에 물들어 있는 우리들로서는 이해하기 힘든 세계인식 방법이다. 근대적 세계인식, 곧 산문적 인식은 사물들 사이의 논리적 총체성을 구성하는 방법이다. 이런 논리적 총체성에 익숙해 있는 근대인들에게 직관적 세계인식 방법에 의해 구조화된 산수시는 난해할 수밖에 없다. 세계인식 방법의 차이는 미학의 차이이다. 미학이 다르면 서로 이해하기 힘들어진다. 이것이 근대인들로 하여금 전통적 자연시 앞에서 주눅들게 만드는 주된 요인이다.

이 작품에서 사물들은 병치구조를 형성하고 있다. 모든 사물들은 각자 '부분적 독자성'을 형성하면서도 또한 전체적으로 서로 긴밀하게 연속되어 있다. 유가들은 우주 전체를 거대한 氣의 덩어리로 보고 있다. 눈에 감각되는 사물과 사물 사이의 공간에도 가스상태의 氣가 충만해 있다고 본다. 여백이란 바로 눈에 보이지 않는 공간 속의 생명적 실체를 드러내는 방법이다. 여백을 사이에 두고 사물들은 靜中動의 활발한 생명운동을 하고 있는 것이다. 「낙화」의 세계는 얼핏보면 매우 정태적인 것으로 보인다. 일제 말기 자연 속에 칩거함으로써, 움직이지 않음으로써 하나의 저항적 태도를 보이는 것처럼 느껴진다. 그러나 이 작품 속의 사물들은 고요한 가운데 매우 활발한 생명운동을 벌이고 있다. 겉으로는 정지된 듯 하나 안으로는 매우 부단히 움직이고 있다. 그것이 바로 유유자적이다. 능청맞을 정도로 자신을 숨기고 바깥 세상에 대해 완강하게 저항하고 있다.

그런데 사물과 사물 사이의 병치구조, 제유적 관계, 여백은 논리적으로 과학적, 분석적으로 파악이 되지 않는다. 근대 서구적 인식 방법으로는 정말로 이해가 잘 안 가는 괴물같은 삶의 방식이다. 그것은 직관으로만 이해되고 체험될 뿐이다. 직관이란 시간이 뚫고 들어갈 수 없는 세계에 대한 인식 방법이다. 시간이 뚫고 들어갈 수 없거나 시간을 초월해 있거나, 시간 밖에 있는 세계에 대한 인식 방법이다. 논리란 이성적 사고방식이다. 사물과 사물 사이의 논리적 전개는 직선적 시간구조를 형성하는 사고방식이다. 논리 앞에 여백은 없다. 모든 직선적 논리는 여백을 죽이고 파괴한다. 그에 비해 직관은 근대적 논리가 죽인 여백을 복구시킨다. 그래서 직관은 근대적 세계인식에 대한 저항 방식이 된다.

앞에서 살펴본 대로 이 시에는 여백을 사이에 두고 몇 개의 사물들이 병치되어 있다. 그리고 그 공간 속에 무시간성이 존재한다. 무시간으로서의 시간이 존재한다는 것, 그것은 바로 영원성의 다른 이름이다. 이 작품 속의 사물들은 무시간이라는 영원한 시간 속에서 서로 작용·반작용의 감응운동을 보이고 있다. 시적 자아 역시 그러한 사물 중 하나에 지나지 않는다. 이 영원성 속에서 사물들은 서로 음양관계를 형성하며 끊임없는 생명운동을 하고 있는 것이다. 이것이 바로 유가들의 생명사상이다. 우주 전체가 하나의 거대한 생명체로 되어 있다는 사상이다. 이처럼 끊임없는 생생불식의 생명운동을 하고 있는 '영원한 자연'에 대한 믿음이 이 작품의 사상적 기저를 이루고 있는 것이다. 이 영원성으로서의 무시간성은 근대 서구적인 시간관, 세속적이면서도 물리적으로 일직선적으로 나아가는 시간에 대한 대응 논리로 기능하게 된다. 다시 말하자면, 강박관념을 지닌 채 일직선적으로 앞으로만 나아가는 계기적 시간관, 소위 부르주아의 시간관이 봉착하게 된 근대의 파국, 곧 파시즘 체제에 대한 대응논리가 된다는 것이다. 따라서 이 작품에 나타난 反近代的 시간관이 지닌 영원성의 의미는 당대로서는 파시스트적 속도에 대항한다는 현대적 의미를 지니게 되는 것이다. 이것은 매우 근본적이고도 적극적인 대응 논리일 수도 있다.

3

앞에서 살펴본 바대로, 이 작품에 나타나는 세계인식 방법, 곧 제유
적 세계관은 사물과 사물 사이의 민주적 관계를 소망한다는 의미에서
유토피아 지향적이다. 그런데 그들이 지향하는 유토피아는 다분히 현
재적이다. 그들은 마음만 먹으면 언제나 그런 유토피아에 도달할 수
있다고 본다. 자아와 세계가 그렇게 소망스럽게 만나는 것은 자아의
마음 고쳐먹기에 달려있다고 본다. 그것은 전통 동양사상의 특징이기
도 하다.

전통서정시학, 특히 산수시학은 인간과 자연간의 관계로 구조화되어
있다. 이 때의 '인간'이란 것이 좀 특이하다. 개인도 아니고 집단도 아니
다. 개인적인 것에 가까우면서도 근대 서구적인 개인은 아니다. 우리는
개인이란 말을 스스럼없이 쓰지만 근대 이전에는 그런 관념이 제대로
형성되어 있지 않았다. 개인이나 사회가 발견된 것은 근대 이후이다.
따라서 전통 동양사상에는 인간과 자연 사이의 사회학적 매개항이 확
연하게 나타나지 않는다.

인간과 자연 사이의 소망스런 만남인 유토피아가 마음만 잘 고쳐먹
으면 언제나 현재화될 수 있다는 것도 바로 사회학적인 매개항이 결여
되어 있기 때문이다. 이것이 전통적인 유기론적 사상의 결점이기도 하
다. 따라서 그들이 꿈꾸는 유토피아는 진정한 유토피아라기보다 아카
디아에 가깝다.

그에 비해 김소월류의 낭만적 자연서정시에 보이는 이상적 자연은
과거적인 것이면서도 미래적인 것이다. 분명히 현재적인 것은 아니다.
그의 시에 보이는 '잃어버린 낙원'으로서의 자연은 확실히 과거적인 것
이다. 그러나 이 과거적인 것으로서의 낙원은 미래에 우리가 도달해야
할 이상적 모델로서의 과거적인 것이다. 과거 어느 시점까지는 자연이
낙원이었다는 것, 그 속에서 인간은 자연과 더불어 소망스러운 관계를

맺고 있었다는 것, 그러나 근대 어느 시점부터 인간과 자연 사이에 '저만치'의 거리가 생겼다는 것, 인간의 힘으로 그 거리를 극복할 수 없다는 비극적 세계관이 그 속에 들어가 있다. 이미 인간과 자연 사이에 근대적 사회관계가 매개항으로 들어가 있어서 전근대적인 삶의 회복이 쉽지 않다는 인식이 깔려 있다. 사실 우리가 힘써 회복해야 할 낙원은 미래적인 것이지 마음만 먹으면 쉽게 언제나 이루어질 수 있는 그런 것은 아니다.

우리는 이미 낙원으로부터 너무 멀리 떠나와 있다. 조선조 때처럼 쉽게 물아일체가 가능한 시대는 이미 옛날에 지나가 버렸다. 조지훈도 이미 전통적 서정이라는 카테고리 안에 '비평성'이라는 사회역사적 비젼을 담아내려고 고심한 흔적이 있다. 이는 그가 전통적인 자연서정시를 쓰면서도 근대적인 사회학적 매개항에 눈을 뜨고 있었다는 것이다. 사회학적 갈등을 감싸 안으며 서정적인 대통합을 꿈꾸었다는 의미에서 그의 전통서정시학은 현대성을 단단하게 확보하고 있는 것이다.

그런 의미에서 「낙화」는 매우 '현대적인' 자연서정시이다. 전통적인 세계관에 기대고 있으면서도 단지 퇴행적이거나 반동적이지가 않다. 조지훈에게 있어서 전통적 세계인식 방법은 파편화되고 해체되어 가는 파시즘의 시절에 새로운 통합의 원리로 모색된 것이다. 그것이 소위 '느슨한 총체성'이다. 이 느슨한 총체성이 여백, 유유자적의 미학을 낳게 된다. 여백의 강조는 이성중심주의가 몰아가는 숨막힐 듯한 인과관계, 논리적 총체성에 의해 막혀버린 숨구멍을 회복하기 위한 전략이다. 근대의 위기를 극복하기 위해 동원된 전근대적 수사학적 무기이다.

한 폭의 동양화 같은 「낙화」는 새벽 여명을 시간적 배경으로 하고 있다. 주렴 밖에 성긴 별이 하나 둘 스러진다는 것에서 알 수 있다. 귀촉도 울음 뒤에 머언 산이 다가선다는 것 역시 그 시간을 나타낸다. 새벽 시간은 여백의 미감을 살리기에 가장 안성맞춤이다. 새벽 안개 속에 모습을 감춘 사물들이 화폭 속에서 마치 작은 섬처럼 떠있다. 섬처럼 떠있는 사물들은 각자 부분적 독자성을 구축하면서 안개에 의해 신비하게 그리고 대등하게(중심축 없이) 긴밀하게 연결되어 있다. 안개와 같은 여백은 사물과 사물 사이를 이어주는 생명으로 가득 찬 공간이다. 경성과 같은 식민지 도시에서는 근대화에 의해 그런 생명의 숨구멍인 여백이 사라졌지만, 자연 은거공간에서는 맛볼 수 있다는 것, 거기서 생명력을 소생시킬 수 있다는 것을 암암리에 드러내고 있다. 그리하여 묻혀서 사는 이의 고운 마음을 〈아는 이〉 있을까 저허한다는 것의 의미를 알 수 있다. 이것은 은일하고 있는 자신을 방해하는 세력을 염두에 두고 하는 말이다. 단순히 일반적인 모든 사람이라기보다 자신의 '고운' 마음을 방해하고 파괴하는 파시스트적 세력으로 국한시켜야 할 것이다. 만약 일반적인 모든 사람으로 확대시키면, 그야말로 단순한 도피이지 은둔이 아니다.

조지훈이 개인적으로나 민족적으로 피폐해진 삶을 소생시킬 수 있는 것은 근원으로서의 자연 안에 충일해 있는 생명력 때문이다. 이것이 바로 「낙화」에 나타나는 여백의 의미이다. 그리고 이 여백 때문에 유유자적의 미학이 생긴다. 그러나 「낙화」에 보이는 자적은 보통 조선조 사대부들의 경우보다 훨씬 더 슬프고 고통스럽다. 자적은 슬퍼해야 할 때인데도 일부러 여유를 부리는 심미적 행위이다. 그런데 이 시에서는 그런 여유가 깨어지고 있다. 묻혀서 사는 이의 고운 마음을 방해하는 이 있을까 두려워한다 하면서도 막상 꽃이 지는 아침에는 울고 싶다고 한다. 은일하는 자는 고독을 즐길 수도 있어야 하는데 고독을 이기지 못하여 그만 울고 싶다고 한다. 어쩌면 단순히 고독감 때문만은 아니리라. 자신의 은일을 방해하는 세력을 부정해놓고도 스스로는 비장해져서 울고 싶어하는지도 모른다.

그런데 그런 울고싶어 하는 심정을 그만 직설적으로 내뱉고 만다. 전통자연시에서는 내면의 정서를 직접 노출하는 것이 금기이다. 그럼에도 불구하고 직접 감정을 내뱉을 수밖에 없는 것은 시인이 그 순간 긴장을 이기지 못했기 때문이다. 작품의 허두에서 꽃이 지기로소니 바람을 탓하랴 하고 짐짓 여유를 부려보기도 했지만, 마지막 부분에 와서는 무너진다. 무너진다는 것은 앞에서 말했듯이 울고 싶다는 감정을 직설적으로 내뱉지 않을 수 없는 데서 확인된다.

이 무너짐이란 무엇인가. 전통적 세계인식 방법, 곧 제유적 세계관으로 근대의 파시즘적 폭력에 맞서고자 했으나 역부족임을 작품의 구조가 설명하고 있는 것이다. 「낙화」에 나오는 느슨한 총체성이라는 구조로는 당시 괴물과 같은 자본의 파괴력 앞에서 무너질 수밖에 없는 것을 실토하고 있는 것이다. 제유란 하나의 저항방식이긴 해도 어디까지나 '미약한 대안'이다. 그럼에도 불구하고 이 시에는 일반 전통적 자연시에서 볼 수 없는 비장미가 들어 있어 우리를 긴장시킨다. 근대 이후 시 창작이란 거대한 자본의 구조에 대한 미학적 투쟁이다. 그 투쟁이 얼마나 견고한가는 작품의 구조가 얼마나 완강한가에 달려있다. 작품의 구조는 사상의 구조이다. 비록 「낙화」에서 시인이 시대적 폭력 앞에 무너질 수밖에 없었지만, 그 비장함에 우리는 숙연해질 수밖에 없다. 조지훈은 이 작품을 통해 자기 사상 안에서 최선을 다했던 것이다. 이 무너짐은 전통 유기론적 사상 구조의 피할 수 없는 운명일지도 모른다. 그러나 최선을 다하고도 무너지는 자는 눈물겹도록 아름다운 것이다.

이태수 시에 나타난 '길(道) 찾기'의 서정미학

1. 머리말: 서정시와 길(道) 찾기

서정시는 흔히 본질시학이라는 관점에서 논의된다. 이때 본질시학이라 하면 사물의 본질을 탐구하고 그것을 언어로써 모방한다는 뜻으로 사용된다.[1] 그리고 그것은 더 나아가 삶의 일반적인 원리, 우주적인 道를 뜻하는 형이상학적인 의미로까지 확장되어 쓰여지고 있다. 형이상학적인 의미를 내장하고 있는 서정시라는 개념은 동서양을 막론하고 가장 오래 전부터 사용되어져 왔다.[2]

플라톤의 시학은 전형적인 서정시학인 셈인데, 그것은 에로스라는 개념으로 설명되어진다. 불완전한 현상계에 존재하는 시인이 초월적 세계에 실재하는 존재, 즉 객관적이고도 보편적인 진리인 이데아를 모방하고 본받고 닮고 그것과 합일하고 싶어하는 욕망이 바로 에로스이다. 이 에로스적 욕망이 서정적 동일화의 기본원리이다. 이때의 동일화는 동화되기이다. 초월적 진리에 대한 이러한 동화되기로 인해 부박한 현상계에 존재하는 시인은 구원을 받게 된다.[3]

---

1) 최승호, 「조지훈의 서정시학 연구」, 『한국적 서정의 본질 탐구』, 다운샘, 1998, pp.19~25.
2) 유약우(이장우 역), 『중국문학의 이론』, 범학도서, 1994, pp.41~47.
3) 미메시스를 동화되기로 해석하기 시작한 사람은 아도르노이다.
   Th. W. 아도르노, M. 호르크하이머(김유동 역), 『계몽의 변증법』, 문학과지성사, 2001, pp.30~34.

뮈토스(사건, 줄거리)를 미메시스의 기본 대상으로 상정하는 아리스토텔레스의 시학4)에서도 형이상학적인 의미는 결코 배제되지 않는다. 아리스토텔레스에 따르면, 시인은 감각적으로 인식할 수 있는 뮈토스의 세계뿐만 아니라 그 뮈토스의 세계에 내재하는 원리, 곧 형상(에이도스)까지도 모방할 줄 알아야 한다. 감각적으로 인식할 수 없는, 눈에 보이지 않는 형상의 세계, 곧 객관적이고 보편적인 진리의 세계를 모방하기 때문에 시인은 현실의 개선뿐만 아니라 자신의 인격 발전까지 도모할 수 있다.5) 초월적인 진리를 강조하는 플라톤뿐만 아니라 내재적인 진리를 강조하는 아리스토텔레스에게 있어서도 미메시스라는 개념은 인간 주체가 객관적이고도 보편적인 진리에 동화되기를 열망하는 데서 도출된 것임을 알 수 있다.6)

이 동화되기로서의 미메시스로부터 고전주의적인 서정시학이 발생하는 것이다. 동양에서도 『주역』이나 『시경』 같은 경전뿐만 아니라, 『문심조룡』 같은 시론서 곳곳에 그런 형이상학적인 의미의 시학이 발견되고 있다.7) 여기서의 객관적이고 보편적인 진리도 미메시스의 대상이 된다. 동양시학에서는 객관적이고 보편적인 진리가 자연 안에 내재해 있다고 상정된다. 영원한 진리라고 생각되어지는 것이 내재해 있는 자연, 그것을 모방함으로써, 즉 본받음으로써, 다시 말해 그것에 동화됨으로써 부박한 현실로부터 구원을 받을 뿐만 아니라 인간 자신의 인격적인 발전도 꾀할 수 있다고 본다.8)

이런 의미에서 서정시는 진리, 곧 '길(道) 찾기'의 시학이라 할 수

---

4) 폴 리쾨르(김한식, 이경래 역), 『시간과 이야기 1』, 문학과지성사, 1999, pp.84~95.
5) W. J. Bate(정철인 역), 『서양문예비평사서설』, 형설출판사, 1964, pp.30~31.
6) 최승호, 「김소월 서정시의 미메시스적 읽기」, 『서정시와 미메시스』, 역락, 2006, p.13.
7) 유약우, 앞의 책, pp.49~61.
8) 최승호, 「신석정 서정시의 미메시스적 읽기」, 『서정시와 미메시스』, 역락, 2006, pp.139~143.

있다. 그리고 그 찾아낸 길을 모방하기의 시학, 곧 그 길에 동화되기의 시학이라 할 수 있다.[9] 특히 이 길이 객관적이고 보편적인 것이라고 생각되어질 때, 그것은 훌륭한 미메시스의 대상으로 된다. 이때 길은 인간 주체에 의해 만들어지는 것이 아니라 '발견'되는 것이다. 그래서 '길 트기'가 아니라 '길 찾기'가 되는 것이다.

객관적이고 보편적인 진리에 미메시스의 토대를 두고 있는 이러한 고전주의적인 시학은 오늘날과 같이 사물들이 제 자리와 제 이름을 찾지 못하고 극도의 혼란과 혼돈을 겪고 있는 시대, 새로운 구원의 가능성을 제시해 주는 의미가 있다. 그리고 그것은 '명백한 진리'를 중심으로 한 총체적 질서에의 비전을 제시하기 때문에 인간적인 힘만으로는 어찌할 바 엄두도 낼 수 없는 해체를 극복하고 새로운 통합의 길을 제시하는 역할도 하고 있다.

2. '길', 진리의 상실

이태수 시의 특징을 요약하면 '길 찾기'의 서정미학이라 할 수 있다. 그에게 있어서 길은 두 가지로 나타난다. 혼탁한 세상살이에서의 '일상적인 길'과 그 혼탁한 세상살이 가운데서 꿈꾸어 보는 '초월적인 길'이다. 이때 일상적인 길은 비본질적인 것이라서 부정의 대상이 된다. 그리하여 그것은 혐기(嫌棄)의 대상이지 결코 시적 주체가 모방하고 싶어

---

9) 서정시의 본질의 하나인 동일성을 미메시스의 관점에서 논의한 필자의 글들로 다음과 같은 것들이 있다.
최승호, 「오세영 서정시의 미메시스적 읽기」, 『서정시와 미메시스』, 역락, 2006.
최승호, 「신석정 자연서정시의 미메시스적 읽기」, 위의 책.
최승호, 「도시적 서정시의 맥락과 현재적 가능성」, 위의 책.
최승호, 「김소월 서정시의 미메시스적 읽기」, 위의 책.
최승호, 「윤금초 시조의 미메시스적 연구」, 위의 책.

하는 이상적 대상이 되지 못한다. 그에 비해 초월적인 길은 본질적인 것이라서 시적 주체가 모방하고 본받고 싶어하는 이상적 대상으로 존재한다. 객관적이고 보편적이기도 한 이 본질적인 길, 초월적인 길은 플라톤적인 것이라서 시적 주체가 그것에 동화되기를 간절히 염원하는 것으로 나타난다. 이때의 미메시스는 인간 주체 중심이 아니라, 초월적 대상 중심으로 이루어진다. 즉 주체 중심으로 '동화하기'가 아니라, 대상 중심으로 '동화되기'로 나타난다. 이태수 시에 나타나는 이 두 가지 상반된 길 사이의 이항대립적 구도는 긴장의 중심축으로 떠올라 시적 구조의 핵을 형성하고 있다.

> 길이 많아, 너무 많은 길 위에서
> 길을 잃는다. 눈 비비고 보아도 안 보여
> 비틀거린다. 붙들어도 마냥 달리고
> 달리면서도 멈춰 서는 저 길들…… 언젠가는
> 다다르고 싶은, 아득한 집, 꿈결 같은 방과
> 햇살 퍼덕이며 뛰어내리는
> 창 하나 끌어당겨 꿈꾸고 싶다.
>
> 길은 가다 서다 뒤돌아보지 않고 달린다.
> 얼키고설킨 발자국들과 거기 담긴 먼지들만
> 되돌아온다. 며칠째 풀들은 기죽은 듯,
> 느릿느릿, 황사 뒤집어쓴 채 엎드린다.
> 나무들도 덩달아 주저앉거나 허리를 구부린다.
> 불쾌하게 중얼거리는 서녘, 풀잎들도
> 제 먼저 돌아앉으며 어둠을 껴입는다.
>
> 날이 저물자, 새들은 허공의 길들
> 구부려 안은 채 나뭇가지에 걸린 제 둥지에
> 깃들인다. 어두워져도 여전히 길이 많아,

너무 많은 길 위에서 길을 버린다.
별빛 쏟아지는 나의 집, 꿈결 같은 방과 창 하나,
그 길들 죄다 끌어당긴다. 그런데도 나는 여태
그 바깥에서만 밑도 끝도 없이 꿈을 꾼다.
　　　　　　　　　　　　　　　　　— 「길이 너무 많아」 전문

　이렇듯 서정적 자아는 길 위에서 자주 길을 잃어버린다. 그 이유는
길이 너무 많아서이다. 여기에서 '잃어버리는 길'은 서정적 자아가 진정
나아가고 싶어하는 삶의 길, 진리의 길이다. 거기에 비해 '너무 많은
길'은 세상 속에서의 헛된 길, 거짓과 비진리의 길이다. 밤마다 술을
권해야 하고 거짓말이 난무하는, 본질적 언어가 사라지고 없는 이 삐걱
거리는 세상에서(「술타령 2」) 진리의 길은 눈 비비고 찾아보아도 안
보여 서정적 자아는 술 취한 듯 비틀거린다.
　붙들어 매어도 마냥 달리고 달리면서도 멈춰 서기를 제 멋대로 하는,
이 세상 비진리의 길들이 더욱 더 캄캄하고(「술타령 8」)혼란스러워 보
이는 것은 서정적 자아가 줄기차게 찾아 헤매는 '별빛 쏟아지는 나의
집'과의 극명한 대조를 이루고 있기 때문이다. 이 '나의 집'은 시집 『그
의 집은 둥글다』(1995년) 이후 줄곧 나타나는 '그의 집'과 무관하지 않
다. 아니 이 꿈결 같은 방과 햇살 퍼덕이며 뛰어내리는 창을 가지고
있는 '나의 집'은 언젠가는 서정적 자아가 간절하게 다다르고 싶어하는,
옥빛 하늘에 있는 아득한 '그의 둥근 집'을 모방해서 만들어낸 집이다.
　이태수의 시에서 서정적 자아가 길을 잃어버리게 되는 것은 이 세상
이 '흙탕물'(「술타령 7」)이라거나 '황사바람 부는 강가'(「술타령 12」)와
같다는 단순한 이유 때문만은 아니다. 한낮조차도 어두워져 보이는
(「만월, 그리고 비」) 것은, 그리고 발을 자꾸만 헛디디고 헛손질이나
하게 되는(「달밤」) 것은 세상 자체의 혼탁함 때문만이 아니라, 둥근 '그
의 집'으로부터 멀리 떨어져 있기 때문이다. 詩作 행위에 있어서 미메시

스란 매우 행복한 경우이다. 모방하고 본받을 만한 대상이 있다는 것은 오늘날과 같이 '수상한 기호들'이 난무하고 '공포의 그림자들'이 득시글거리는(「서녘이 타고 있다」) 시대, 루카치가 말하듯, 인생항로를 비추어주는 별을 발견한 것과 마찬가지다.[10]

결국 이태수의 시에서 서정적 자아가 길 위에서 길을 잃어버리게 되는 것은, 빛이 사라진 '무명의 길'(「무채색 2」) 위에서 헤매게 되는 것은 궁극적으로 모방의 대상인 둥근 '그의 집'으로부터 멀리 떨어져 있기 때문이고, 동시에 '그의 집'에 이르는 진리의 길을 잃어버렸기 때문이다. 그의 초기시에서부터 줄곧 나타나는 실존적인 불안과 우울[11]은 바로 '그의 집'으로부터의 분리 때문이라 할 수 있다. '그'가 가까이 다가오면 길이 보이고, '그'가 사라지면 길도 함께 사라진다.

> 밤이 오면 어둠의 이랑 사이로
> 그가 돌아온다. 아득한 허공,
> 별들은 제마다 그 깊은 곳에 매달린다.
> 기다리다 지쳐 겨자씨 만해진
> 마음 한 조각, 가물거리며 떠돌 때
> 그는 불현듯, 슬며시 다가와
> 등 두드려준다(그렇게 느껴진다).
> 둥글어져라, 둥글어져라, 타일러도
> 풍란처럼 허공에 발을 뻗으며
> 겨자씨보다 작아지는 이 마음을
> 그는 어쩌지 못하겠다는 듯,
> 때를 다시 기다리겠다는 듯,
> 어둠의 이랑 사이로 돌아가 버린다.
> 가뭇없이 사라지는 그의 뒷모습,

---

10) G. 루카치(김경식 역), 『소설의 이론』, 문예출판사, 2007, p.27.
11) 김재홍, 『한국 현대시의 사적 탐구』, 일지사, 1998, pp.298~301.

별들마저 안 보이는 캄캄한 허공에
끝내 비워지지 않는 저 마음 한 조각,
이 허드레 불씨 하나.

—「허공 1」 전문

　이태수의 시에 수도 없이 나타났다 사라지고 사라졌다가 다시 나타
나는 '그'는 초월적인 존재이면서도 다소 막연하고 추상적인 존재이
다.12) 그리하여 일종의 신적 존재인 '그'와 서정적 자아 사이의 만남과
관계도 불확실하고 막연하다. '그'는 언제나 밤이 오면 어둠의 이랑 사
이로 서정적 자아를 찾아온다. 서정적 자아가 '그'를 기다리고 기다리다
지쳤을 때, 마음이 겨자씨보다도 작고 왜소해졌을 때에만 찾아온다.
서정적 자아의 마음이 언제 사라질지도 모르고 가물거릴 때 '그'는 슬며
시 다가와 등을 두드려 준다. 그렇게 느껴진다. 둥글어져라, 둥글어져
라, 하고 '그'가 타일러도 풍란처럼 허공에다 발뻗으며 겨자씨보다 작아
지는 이 마음을 '그'도 어쩌지 못하고 돌아가 버린다. 그러면 별들마저
안 보이는 캄캄한 허공만이 눈앞에 전개된다. 끝내 비워지지 않는 마음
한 조각, 허드레 불씨 하나 품고서 서정적 자아는 무명의 길, 사막의
길(「술타령 4」)을 정처 없이 헤매게 된다.
　이렇게 서정적 자아가 진흙탕 길에서, 무명의 길에서 헤매며 한없이
작아지고 비루해지고 낮아졌을 때, '그'는 어김없이 나타나 위로해주고
숨은 길을 열어 보여 준다. 이렇게 한없이 낮아지고 겸손해질 때 '그'에
게 이르는 길을 발견하지만, '그'라는 존재 자체가 원래 막연하고 추상
적이어서 불안한 서정적 자아를 확실하게 붙들어주지 못한다. 언제나
'떠다니는 말'(「술타령 8」), 비본질적인 언어가 난무하는 세상에서 이
불안한 서정적 자아는 늘 진정한 말에 허기진 '말거지'(「술타령 1」)가
될 수밖에 없다. 너무나 많은 길속에서 진짜 길을 잃어버리게 되고,

---

12) 서림, 『말의 혀』, 새미, 2000, pp.100~106.

넘쳐나는 가짜 말속에서 본질적인 언어를 구걸하러 다니는 말거지가 된다.

이 말거지가 찾는 진짜 언어를 시인 이태수는 '신성한 언어'[13]라 부른다. 시인에 따르면 이 신성한 언어는 끊임없이 '비인간화'에 맞서면서 마주치는 것들에 대해 이해와 사랑을 가질 때, 상대방에 대해 깊이 들여다보기와 끌어안기가 가능할 때, 곧 시적 주체가 한없이 낮아지고 작아지고 겸손해질 때, 다시 말해 '그'가 찾아와 줄 때 발견된다. 한편 시인의 말을 계속해서 인용하면, 정신적으로 혼탁해진 시대, 물질문명만 비대하게 발달한 시대, 근원을 향해 시대를 박차고 오르거나 거슬러 갈 때 발견되는 태초의 언어가 바로 신성한 언어인 셈이다. 정말로 이 시대 진정 생명이 있는 서정시를 쓴다는 것은, 시인의 말처럼, 현재의 탁류를 힘겹게 거슬러 올라 맑은 물이 흐르는 시원에 이르고자 하는 강렬한 욕망 없이는 불가능하다[14]. 발터 벤야민의 말처럼, 이때 근원은 목표가 된다.[15] 특히 근대 이후 문명의 발달이란 야만스럽게 미래를 향해 부는 폭풍과 같은 지도 모른다.[16] 그런데 이 시대 근원을 향해 탁류를 거슬러 올라간다는 것은 예사의 용기와 모험과 노력 없이는 불가능하다.

이태수의 서정시는 기본적으로 낭만적 분위기를 띠고 있다. 그래서 그는 언제나 '낙원회복'을 꿈꾼다. 그는 요사이 대유행하는 동양적인 자연서정시에서 말하는 '낙원발견'과는 다른 미학적 태도를 보이고 있다. 동양학에 바탕을 둔 제유적 자연서정시에는 낙원상실 개념이 들어가 있지 않다. 여기에는 자연 그 자체가 영원한 낙원이고 언제나 우리를 둘러싸고 있다는 관념이 있다. 이때 낙원은 시적 주체가 마음만 잘

---

13) 이태수, 『이슬방울 또는 얼음꽃』, 문학과지성사, 2004, 표사문.
14) 최승호, 「박목월 서정시의 이데올로기와 '어머니'」, 『서정시의 이데올로기와 수사학』, 국학자료원, 2002, pp.49~51.
15) 발터 벤야민(반성완 역), 『발터 벤야민의 문예이론』, 민음사, 1983, p.348.
16) 발터 벤야민(반성완 역), 위의 책, p.348.

고쳐먹으면 언제나 발견되는 것으로 상정되어 있다. 잃어버린 낙원이 없기에 회복해야 할 낙원도 없다.[17] 그것이 제유적 세계관인데 비하여 낙원회복을 꿈꾸는 이태수의 시적 세계관은 은유적이다.

은유란 기표와 기의가 일치되는 언어의 경지를 꿈꾸는 사고방식이다. 이태수의 말대로 신성한 언어, 곧 태초의 언어가 회복되는 것을 간절하게 바라는 이데올로기를 내장하고 있는 세계관이다. 태초의 언어가 회복되는 세계는 '그의 집'을 닮아 둥글다. 그게 바로 은유의 회복이다. 이처럼 은유가 회복되는 이상적인 서정적 경지를 이태수는 다음과 같이 제시하고 있다.

> 하지만 오래 전처럼 여전히
> '유리알의 시'를 꿈꾸기도 하지.
> 부드러운 힘 안으로 안으며 무르익어
> 건드리면 부서질 듯 투명하고 아름다운,
> 빈 듯 그득하고 속이 차서 터질 것만 같은……
> 밤하늘의 별, 개울에 흘러가는 물소리 같은,
> 어둠이 아니라 어두울수록 더욱 영롱한,
> 마음 가난한 이웃과 서러운 내 누이의 창에
> 조그만 촛불이 되어주는 시,
> 들꽃처럼 호젓이 학처럼 고고하게,
> 하지만 다정하고 낮게 스며드는,
> 발바닥까지 하늘로 밀어 올려 주는,
> 어둠을 흔들어 깨우며 불빛이 되는,
> 이윽고는 나의 따뜻한 무덤이 되어 줄
> 그런 시, '유리알의 시'를 기다리면서
> 더듬어 목말라 하기도 하지.
> 낯선 서정 길어 올리려 떠나는 그 발길에

---

17) 최승호, 「신석정 자연서정시의 미메시스적 읽기」, 『서정시와 미메시스』, 역락, 2006, p.160.

새 길이 트이고, 그 길이 환해지기를, 나도 함께
그 길을 느긋하고 넉넉하게 걸을 수 있기를……
―「아직도 '유리알의 시'를……」 부분

3. '이슬방울' 안에서의 길의 모색

위에서 살펴본 바와 같이 이태수에게 있어서 길 찾기의 미학은 신적인 존재인 '그'와 밀접히 연관되어 있다. '그'가 모방의 대상이 되고 있다. 그러나 서정적 주체는 너무 많은 길 위에서 '그'에 이르는 길을 잃어버리곤 한다. 혼탁하고 어두운 이 세상 속에서 길(진리)을 잃어버려 한없이 작아지고 왜소해졌을 때, 그리하여 낮아지고 겸손해졌을 때, 그의 마음은 다시 커지게 되는 것이다. 이렇게 낮아진 시적 자아는 이슬방울과 같이 미미한 존재를 통해 새롭게 길눈을 뜨게 된다.

작아지고 작아진다.
사실은 작아지지 만은 않는다.

지난밤 꿈속에서
물방울 속으로 들어갔다.
풀잎에 맺힌 이슬방울,
그 조그맣게 둥글어진 빈곳에서
눈을 떴다. 느리지 않게
아침이 오고, 뛰어내리는
햇살이 눈부시다.

눈을 들면 여기는
여전히 먼지바람 부는 세상,

바삐 돌아가는 사람들과
헛바퀴 돌아가는 소리.
그 속으로 자꾸만
빨리어 들어가다 보면
저 망망한 허공의 점 하나.

—「허공 2」 부분

붐비는 젖빛 저잣거리,
인간들 틈에서 다시 나는 작아지고
작아진다. 마침내 희미해진다. 티끌처럼
잘 보이지 않는다. 그럴 무렵, 불현듯
느린 걸음으로 그가 되돌아온다.
잰걸음으로 내가 뛰어간다. 팔을 뻗는다.
안 깨고 싶은 이 한낮의 꿈길, 환해지는 순간

—「꿈길, 어느 한낮의」 부분

눈을 들면 여전히 먼지바람 부는 이 세상에서 서정적 자아의 마음은 저 망망한 허공에 떠있는 점 하나처럼 왜소해지고 비루해져 있다. 붐비는 저잣거리, 인간들 틈에서 작아지고 작아져서 희미한 존재가 된다. 이 티끌처럼 작아지고 낮아진 서정적 자아는 마음을 텅 비운 겸허한 자세가 되어 지난밤 꿈속에서 물방울 속으로 들어갔다. 풀잎에 맺힌 이슬방울, 그 조그맣게 둥글어진 빈곳에서 눈을 뜨게 되었다. 이 순수하고 순결한 이슬방울 안에서 눈을 뜨고 바라본 세상은 느리지 않게 아침이 오고 있었고, 눈부신 햇살이 뛰어내리고 있었다. 즉 둥글어진 세상을 보게 되었다.

각이 지고 모가 난 뾰족뾰족한 세상이 둥글어져 보인다는 것은 서정적 자아의 마음이 한없이 넓어졌다는 것을 뜻한다. 현실세계에서 한없이 초라해지고 작아져서 낮아질 때 정신은 거꾸로 한없이 넓어지고 높아지게 되는 법이다. 이러한 전환은 '그'가 되돌아오기 때문에 가능한 것이다. 그 순간 서정적 자아의 삶은 환해지는 것이다.

물방울 속으로 들어간다.
이윽고 투명해지는 말들.

물방울 안에서 바라보면, 길들이 되돌아와
구겨진다. 발바닥 부르트도록 걷던
그 길들 너머 또 다른 길이 열린다.

알 듯도 모를 듯도 한 나날들, 아득한 곳에서
둥글게 그가 미소를 머금고 서 있다.

그렇게도 꿈꿔 왔던 투명한 말들이
비로소 물방울 되어 글썽인다.
햇살은 그 위에 뒹굴다 굴러 떨어진다.

글썽이며 나는 자꾸만
남은 햇살을 끌어당긴다.

― 「다시 낮에 꾸는 꿈」 전문

서정적 자아가 한없이 작고 낮아진 상태에서 맑고 투명한 이슬방울 속으로 들어갔을 때, 그 둥글고 빈곳에서 눈을 떴을 때, 새로운 길이 열리게 된다. 그 물방울 속에서 언어는 투명해진다. 즉 신성한 언어로 거듭난다. 이러한 신성한 언어, 본질적 언어를 가지고 물방울 안에서 바깥 세상을 바라다보면, 다시 말해 서정적 태도로 바라보면, 길들이 되돌아와 구겨진다. 즉 인간이 중심이 되어 만들어낸 미몽의 길, 무명의 길들이 되돌아와 무기력하게 구겨진다. 발바닥 부르트도록 걷던 그 인간적인 사막의 길들 너머에 '또 다른 길'이 열리고 발견된다. 이처럼 한없이 낮아진 서정적 자아가 자기중심적 태도를 버리고 물방울 안에서 사물의 관점에서 세상을 바라볼 때, 세상으로 나아가는 새로운 길을 '발견'하게 되는 것이다.

결국 이러한 길눈도 아득한 곳에서 둥글게 '그'가 미소를 머금은 채 서서 서정적 자아를 그윽이 바라보고 있기 때문에 가능한 것이다. 그 순간 그렇게 꿈꾸어 왔던 '투명한 말들'이 비로소 물방울(순수하고 순결한 서정시) 되어 글썽인다. 햇살은 그 위에 찬연히 뒹굴다 굴러 떨어진다. 그리하여 서정적 자아도 눈물을 글썽이며 자꾸만 남은 햇살을 끌어당기며 자기 자신과 세상에 대한 애정을 표현하게 된다. 이러한 이슬방울 안에서 바라다본 세계는 다음의 시처럼 너무도 아름답다.

> 풀잎에 맺혀 글썽이는 이슬방울
> 위에 뛰어내리는 햇살
> 위에 포개어지는 새 소리, 위에
> 아득한 허공.
>
> 그 아래 구겨지는 구름 몇 조각
> 아래 몸을 비트는 소나무들
> 아래 무덤덤 앉아 있는 바위, 아래
> 자꾸만 작아지는 나.
>
> 허공에 떠도는 구름과
> 소나무 가지에 매달리는 새 소리,
> 햇살들이 곤두박질하는 바위 위 풀잎에
> 내가 글썽이며 맺혀 있는 이슬방울.
>
> ― 「이슬방울」 전문

서정적 자아가 이슬방울 속으로 들어가 발견한 길은 자연으로 가는 길이다. 그 자연으로 들어가는 길은 매우 진실한 것으로 나타난다. 서정적 자아가 맑고 투명한 이슬방울 속에서 바라다 본 그 자연은 생명력으로 가득 찬 소망스런 공간이다. 풀잎에는 이슬방울이 맺혀 글썽이고 있다. 그 위에는 밝은 햇살이 뛰어내리고 있다. 그 위에는 새 소리가 포개어지고 있다. 그 위에는 허공이 펼쳐져 있는데, 그것은 둥근 '그의 집'이 있는 '옥빛 하늘'이다.

그 옥빛 하늘 아래에는 구름이 몇 조각 구겨지고 있다. 그 아래에는 소나무들이 한가로이 몸을 비틀고 있다. 그 아래에는 살아 숨쉬고 있는 바위가 무덤덤히 앉아 있다. 그 아래 자꾸만 작아지고 있는 서정적 자아가 있다. 구름은 옥빛 하늘에 유유히 떠다니고 소나무 가지에는 새 소리가 매달리고 있다. 햇살이 곤두박질하는 바위 위 풀잎에 서정적 자아가 글썽이며 이슬방울로 맺혀 있다.

여기에서는 자연 만물들이 서로 상생적으로 조화를 이루고 있다. 자연물과 자연물의 관계만이 아니라 인간 주체와 자연물 사이에도 생명력으로 넘쳐흐르는 교감이 이루어지고 있다. 인간 주체도 자연의 일부로 되어있는 듯이 보인다. 인간 주체 중심이 아니라 인간과 자연이 대등한 입장에서 서로 음양의 감응관계를 맺고 있는 것처럼 보인다. 인간 주체가 바위 위 풀잎에 맺혀있는 물방울로 낮아지고 겸손해지는 순간 자연은 그 자신의 내밀한 본질적 모습을 보여준다. 아니 자연은 이미 그 자신에게 이르는 길을 활짝 열어 보여주고 있는데, 인간 주체가 마음을 비우고 겸허해질 때 그 길을 발견할 수 있는 것이다.

풍경시는 자연 안에 있는 나를 발견하고 내 속에 있는 자연을 발견할 때 이루어지는 것이다. 풍경시의 이념은 바로 소강절이 말한 바 있는 소위 이물관물(以物觀物)의 정신[18] 속에서 성취된다. 인간 주체를 낮추어서 자연 사물과 눈높이를 같이하는 순간 달성되는 것이다.[19]

이슬방울 안에서 바라다 보이는 풍경 속의 자연물들은 이른바 제유

---

18) 以物觀物에 대해서는 다음 논문을 참조하기 바람.
박석, 「宋代 理學家 文學觀 硏究」, 서울대학교 대학원 박사학위논문, 1992.
19) 최승호, 『한국 현대시와 동양적 생명사상』, 다운샘, 1995, pp.165~168.

적 관계, 유기적 관계를 이루고 있는 것처럼 보인다. 우주 만물들이 각자 부분적 독자성을 지키면서도 내적으로 긴밀하게 연속되어 있는 형국처럼 보인다. 인간 주체가 자연 사물에게 자신의 입장을 강요하지 않고, 자연물들끼리도 서로서로 자신의 입장을 강요하지 않는 것처럼 보인다. 중심이 없는 완전한 민주적 관계처럼 보인다.[20]

이러한 풍경은 「허공 2」, 「오는 봄」, 「얼음꽃」, 「다시 얼음꽃」, 「청량산 그늘」, 「야생화 몇 송이」, 「숲 속 나라」, 「솔숲」, 「겨울 오후, 쉬는 날」 등의 작품에 일관되게 나타난다. 그런데 「다시 낮에 꾸는 꿈」이나 「산길, 초록에 빨리어 들다」 같은 시를 들여다보면 위의 작품들에서 보이는 풍경이 단순히 동양적인 제유적인 세계관으로 형성된 것이 아님을 알 수 있다.

> 자그마한 창틀로 뛰어내리는 햇살,
> 마음은 벌써 뒷마당을 한 바퀴 휘돌아
> 눈길을 멀리 창밖에 던져놓고 있다.
> 다시 그는 기척도 없지만, 어느새 걸어왔는지,
> 앞산이 우두커니 앞마당에 서 있다.
> 해종일 걸어온 낯익은 길들도 문득 낯설어지고
> 나뭇잎들이 자꾸만 땅 위에 내리고 있다.
>
> —「다시 낮에 꾸는 꿈」 부분

위에 인용된 시처럼, 서정적 자아가 모방하여 닮고 베끼고 동화되고 싶어하는 이상적인 자연은 초월적 존재인 '그'가 있기 때문에 가능하다. '그'는 때로는 '숨은 신'으로 눈앞에서 사라지기도 하며, 때로는 '현신한 신'으로 그 모습을 드러내기도 한다. 자연 만물이 아름답게 조화를 이룬 상태에서 서정적 자아에게 미메시스의 대상으로 다가올 수 있는 것

---

20) 최승호, 「박용래론: 근원의식과 제유의 수사학」, 『서정시의 이데올로기와 수사학』, 국학자료원, 2002, pp.207~212.

도 궁극적으로 '그' 때문이다. 초월적 존재인 '그'를 중심으로 서정적 자아를 비롯한 우주 만물이 총체적 관계를 형성하고 있는 것이다. 얼핏 보면 중심 없는 유기적, 제유적 관계 같지만, 시집 전체를 자세히 관통해보면 '그'를 중심으로 한 총체적, 은유적 관계가 보인다. 마치 렘브란트의 풍경화를 보는 것 같다. 렘브란트는 단순히 풍경화로 보이는 그림을 통해서 절대자의 자연계시를 표현한 셈이다.

시적 화자가 보여주는 이상적인 자연세계는 앞으로 이 땅에 회복되어질 낙원의 모습을 미리 예시하고 있는 것이라고 해석할 수 있다. 초월적 존재인 '그' 안에서 회복되어질 낙원으로서의 이상적 자연은 서정적 자아에게 미메시스를 위한 훌륭한 대상이 된다. 초월적인 중심 없이 이루어지는 제유적 세계관보다는 확고한 중심이 있는 은유적 세계관이 해체가 가속화되는 시대 더 큰 응전력을 확보할 수 있을 것이다.[21] 그런데 아직까지 '그'는 너무도 막연하고 추상적인 존재로 머물러 있다.

4. 영원한 생명에 이르는 길의 발견

지금까지 이태수의 시에 보이는 '그'는 초월적 존재로서 은유적 총체적 비전을 제시해주면서도 그 막연하고 추상적인 성격 때문에 서정적 자아와도 막연하고 불확실한 관계를 맺고 있었다. '그'가 나타나면 서정적 자아에게 '길'이 발견되고, '그'가 사라지면 길도 잃어버리게 된다.

그런데 서정적 주체가 살아있는 하나님과 예수 그리스도를 만나는 순간, 그 길은 생명의 길로 확실하게 그 모습을 드러낸다. 이제 그 길은 발견되다 사라지다를 반복하는 그런 막연하고 추상적인 길, 불확실한 길이 아니다. 눈으로 보고 손으로 만져볼 수 있는 구체적이고 확실한 길이다.

---

21) 최승호, 위의 논문, pp.209~210.

그 큰 별 하나 유난히 빛나더니
우리 앞에 우리의 모습으로 내려오신 하느님,
아기 예수와 그 앞에 조아리며 조배하는
이마 넓고 푸른 목자와
어린 양떼의 가슴마다 불을 달아주고

유난히 큰 별 하나 한결같이 떠서
딸국질 자주 하는 한반도의
헐벗고 버림받고 병든 우리 이웃들의 영혼 깊숙이
구원의 빛과 소금, 사랑의 말씀들을
가득가득 안겨주고, 채워주고

그 큰 별 하나 여태 환하게 빛을 뿌리며
가위눌리고 이지러진 꿈에
새 날개를 돋아나게 하고, 이제야 둥글고 따스한
세상, 오로지 생명과 사랑의 나라로 트인 길을
그리스도와 함께 나아가게 하고

—「성탄의 별」 부분

   딸꾹질 자주 하는 한반도의 헐벗고 버림받고 병든 우리 이웃에게 빛
이요, 진리요, 생명의 길로 인간을 구원코자 인간의 모습으로 온 예수
그리스도는 서정적 자아에게 요지부동의 길, 확실한 길로 나타나 미메
시스의 대상이 된다. 이제 서정적 자아는 그 확실한 생명의 길을 꽉
붙잡고, 그것을 모방하고 본받고, 그것에 동화되기만 하면 된다.
   이처럼 서정적 자아가 보기에 아기 예수는 가위눌리고 이지러진 우
리의 꿈에 새 날개를 돋아나게 하는 존재이다. 즉 새로운 소망을 갖게
하는 존재이다. 그리고 그 아기 예수는 이제야 비로소 이 민족에게 '둥
글고 따스한 세상'을, '생명과 사랑의 나라'로 트인 길로 인도하는 존재
가 된다. 아기 예수는 각각 개인에게뿐만 아니라 한민족 전체에게도

구원과 희망의 길을 가져다주는 존재가 된다.

여기서의 둥글고 따스한 세상은 곧 천국을 의미하는데, 이태수의 시에 나타나는 천국은 이중적인 의미를 지닌다. 예수 그리스도가 심판자로 재림할 때 완성되는 천국이 그 하나요, 예수 재림 이전 그리스도 안에서 만물이 회복되어 가는 과정에 있는 지상천국, 마음 속의 천국이 다른 하나이다.

> 또 한때는 올라가다 내려가고, 내려가다가는
> 오르는 길을 찾아 헤맸습니다. 올라가려 해도,
> 아무리 내려가 보아도, 길은 안 보였습니다.
> 길은 있어도 눈이 어두워 보이지 않았습니다.
>
> 하지만 이제야 느끼고 있습니다. 마음 낮추고
> 오직 당신 안에서 무릎을 꿇습니다.
> 한 송이 풀꽃이 피워 올리는 생명의 불꽃,
> 그 언저리에서 둥글게 글썽이는 물방울의
> 햇살 되비추기에도 얼마나 눈물겨운지,
> 얼마나 넉넉한 당신 품안인지, 깨닫고 있습니다.
>   ―「가까스로 당신 안에서」 부분

이태수의 초기 시에는 하늘로 비상하려는 꿈이 집중적으로 보인다. 그것이 시집 『우울한 비상의 꿈』(1982년)으로 나타난 바 있다. 이 우울한 비상의 꿈은 꿈속에 사닥다리를 놓고 오르는 몽상적인 행위로 이어지며 더욱 간절하게 구체화된다. 그러나 그 사닥다리 끝에서는 다시 내려와야 했고, 날아오르려 할수록 더욱 깊이 떨어져야 하는 절망감에 사로잡혔다.

그러다가 시집 『물 속의 푸른 방』(1986년)에 이르면 아래로 내려가기를 시도한다. 더 내려갈 수 없을 때까지 내려가고, 심지어는 깊은

물 속에 '나만의 집'을 짓고 방을 만들어 아득하게 푸른 창을 내려고도 했다. 그러나 내려가는 길이든 올라가는 길이든 서정적 자아에게는 똑같이 헤매는 우울한 절망적인 길이었다. 아기 예수를 만나기 전 인간적인 노력으로 찾아내고 개척한 모든 길은 헛것인 셈이었다. 오직 예수 그리스도 안에서만 참된 생명의 길을 발견하게 되었다고 고백하게 된다.

영원한 생명에 이르는 유일한 길인 예수 그리스도에 이르기 위해서는 서정적 자아가 먼저 철저히 깨어지고 낮아져야 한다. 이처럼 자신을 한없이 낮추고 마음을 겸허하게 비우는 서정적 자아의 마음에 예수 그리스도는 한 그루 우람한 회화나무로 우뚝 서 있게 된다.

> 이 세상 한가운데 서 있는
> 회화나무 한 그루 우람합니다.
> 비바람과 눈보라와 계절의 변화에도
> 한결같이 홀로 우뚝합니다.
> 굳건한 뿌리 이 땅에 내리며
> 옥빛 하늘 끌어당기는 그 언저리의
> 넓고 깊은 그늘이 푸르고 그윽합니다.
> 깃꼴 겹잎, 밑동이 둥근 잎새들은
> 싱그러운 바람과 공기를 뿜어내고,
> 가지 속으로 찾아든 새들은 저마다
> 둥지를 틉니다. 목마른 길 위의
> 나그네들도 그 그늘에 깃들이며
> 푸르러집니다. 따스해집니다.
> 회화나무 한 그루 풋풋하고 당당하게
> 생명과 사랑의 기운을 뿌리면서
> 마침내 옥빛 하늘에 이르는 먼길을
> 가리키고 엽니다. 그 열리는 길 위엔
> 해와 달이 둥그렇게 뜨고, 날 저물면
> 어김없이 별빛이 영롱합니다.

봄 여름 가을 겨울 없이 제자리에서
푸르고 그윽한 회화나무 향기는
날로 아득하게 높고 깊어집니다.
                              ―「회화나무 한 그루」 전문

　예수 그리스도를 상징하는 이 회화나무는 우주의 중심이 된다. 그것
은 우람하게 서서 비바람과 눈보라와 계절의 변화에도 아랑곳 않고 한
결같이 홀로 우뚝하다. 즉 예수 그리스도는 변함없는 영원한 진리 그
자체라는 것이다. 굳건한 뿌리를 이 땅에 내리며 옥빛 하늘(천국)까지
가지를 뻗치는 회화나무의 넓고 깊은 그늘은 우주 끝까지 미친다. 생명
력이 무성한 회화나무의 넓고 깊은 그늘 아래 사람을 비롯한 만물들이
둥지를 틀고 있다. 이 회화나무는 이 땅과 옥빛 하늘(천국)을 이어주는
매개체이다. 이 길 위에서 해와 달을 비롯한 우주 만물들이 참 생명을
얻고 둥글어지게 된다.
　이처럼 우주 만물은 예수 그리스도인 회화나무를 초월적인 중심으로
삼아 총체적, 은유적 세계를 형성하게 된다. 이때 회화나무는 낙원회복
의 動力因이 되고 目的因이 된다. 이렇게 미래 회복될 낙원, 곧 천국과
그것을 가능케 하는 예수 그리스도가 궁극적인 모델, 즉 미메시스의
대상이 된다. 이것은 제유적 세계관으로 되어있는 동양시학에서는 볼
수 없는 목적론적 세계관의 특징을 지니고 있다. 초월적 중심이 분명한
길로 존재하는 이러한 시학은 해체화가 가속화되는 시절, 하나의 굳건
한 방책이 된다고 볼 수 있다.

5. 꼬리말

　지금까지 우리는 '길(道) 찾기'의 서정미학이란 관점에서 이태수 시의
특징을 살펴보았다. 이태수에게 있어서 길은 두 가지로 나타났다. 혼탁

한 세상살이에서의 '일상적인 길'과 그 혼탁한 세상살이 가운데서 꿈꾸어 보는 '초월적인 길'이 그것이다. 이때 일상적인 길은 비본질적인 것이라서 부정의 대상이 된다. 그것은 혐기(嫌棄)의 대상이지 결코 시적 주체가 모방하고 싶어 하는 이상적 대상이 아니다. 반면 초월적인 길은 본질적인 것이라서 시적 주체가 모방하고 본받고 싶어 하는 이상적 대상이다. 객관적이고 보편적이기도 한 이 본질적인 길, 초월적인 길은 플라톤적인 것이라서 시적 주체가 그것에 동화되기를 간절히 염원하는 것으로 나타난다. 이때의 미메시스는 인간 주체 중심이 아니라, 초월적 대상 중심으로 이루어진다. 즉 주체 중심으로 '동화하기'가 아니라, 대상 중심으로 '동화되기'로 나타난다. 이태수 시에 나타나는 이 두 가지 상반된 길 사이의 이항대립적 구도는 긴장의 중심축으로 떠올라 시적 구조의 핵을 형성하고 있다.

이태수 시에서 서정적 자아는 길 위에서 곧잘 길을 잃어버린다. 그 이유는 길이 너무 많아서이다. 여기에서 '잃어버리는 길'은 서정적 자아가 진정 나아가고 싶어 하는 삶의 길, 진리의 길이다. 거기에 비해 '너무 많은 길'은 세상 속에서의 헛된 길, 거짓과 비진리의 길로 존재한다. 서정적 자아가 길 위에서 길을 잃어버리게 되는 것은 궁극적으로 모방의 대상인 둥근 '그의 집'으로부터 멀리 떨어져 있기 때문이고, 동시에 '그의 집'에 이르는 진리의 길을 잃어버렸기 때문이다. 이태수의 초기시에서부터 줄곧 나타나는 실존적인 불안과 우울은 바로 '그의 집'으로부터의 분리 때문이라 할 수 있다. '그'가 가까이 다가오면 길이 보이고, '그'가 사라지면 길도 함께 사라진다. 이태수의 시에 수도 없이 나타났다 사라지고 사라졌다가 다시 나타나는 '그'는 초월적인 존재이면서도 다소 막연하고 추상적인 존재이다. 그리하여 일종의 신적 존재인 '그'와 서정적 자아 사이의 만남과 관계도 불확실하고 막연하다.

이태수의 시에는 자연 만물들이 서로 상생적으로 조화를 이루고 있다. 자연물과 자연물의 관계만이 아니라 인간 주체와 자연물 사이에도 생명력으로 넘쳐흐르는 교감이 이루어지고 있다. 인간 주체도 자연의 일부로 되어있는 듯이 보인다. 인간 주체 중심이 아니라 인간과 자연이 대등한 입장에서 서로 음양의 감응관계를 맺고 있는 것처럼 보인다. 시적 주체가 사물들의 입장에서 바라보는 자연물들은 이른바 제유적 관계, 유기적 관계를 이루고 있는 것처럼 보인다. 우주 만물들이 각자 부분적 독자성을 지키면서도 내적으로 긴밀하게 연속되어 있는 형국처럼 보인다. 인간 주체가 자연 사물에게 자신의 입장을 강요하지 않고, 자연물들끼리도 서로서로 자신의 입장을 강요하지 않는 것처럼 보인다. 중심이 없는 완전한 민주적 관계처럼 보인다.

그런데 서정적 자아가 모방하여 닮고 베끼고 동화되고 싶어 하는 이 상적인 자연은 초월적 존재인 '그'가 있기 때문에 가능하다. '그'는 때로 는 '숨은 신'으로 눈앞에서 사라지기도 하며, 때로는 '현신한 신'으로 그 모습을 드러내기도 한다. 자연 만물이 아름답게 조화를 이룬 상태에서 서정적 자아에게 미메시스의 대상으로 다가올 수 있는 것도 궁극적으 로 '그' 때문이다. 초월적 존재인 '그'를 중심으로 서정적 자아를 비롯한 우주 만물이 총체적 관계를 형성하고 있는 것이다. 얼핏 보면 중심 없 는 유기적, 제유적 관계 같지만, 그의 시 전체를 자세히 관통해보면 '그' 를 중심으로 한 총체적, 은유적 관계가 보인다.

시적 화자가 보여주는 이상적인 자연세계는 앞으로 이 땅에 회복되 어질 낙원의 모습을 미리 예시하고 있는 것이라고 해석할 수 있다. 초 월적 존재인 '그' 안에서 회복되어질 낙원으로서의 이상적 자연은 서정 적 자아에게 미메시스를 위한 훌륭한 대상이 된다. 초월적인 중심 없이 이루어지는 제유적 세계관보다는 확고한 중심이 있는 은유적 세계관이 해체가 가속화되는 시대 더 큰 응전력을 확보할 수 있을 것이다. 그런 데 아직까지 '그'는 너무도 막연하고 추상적인 존재로 머물러 있다.

마지막으로 서정적 주체가 살아있는 하나님과 예수 그리스도를 만나 는 순간, 그 길은 생명의 길로 확실하게 그 모습을 드러낸다. 이제 그 길은 발견되다 사라지다를 반복하는 그런 막연하고 추상적인 길, 불확실한 길이 아니다. 그 길은 손으로 더듬고 만져볼 수 있는 구체적이고 확실한 길이다. 영원한 생명에 이르는 유일한 길인 예수 그리스도에 이르기 위해서는 서정적 자아가 먼저 철저히 깨어지고 낮아져야 한다. 이처럼 자신을 한없이 낮추고 마음을 겸허하게 비우는 서정적 자아의 마음에 예수 그리스도는 초월적인 존재(길)로 우뚝 서 있게 된다.

이때 우주 만물은 예수 그리스도를 초월적인 중심으로 하여 총체적, 은유적 세계를 형성하게 된다. 이때 예수 그리스도는 낙원회복의 動力因이 되고 目的因이 된다. 이렇게 미래 회복될 낙원, 곧 천국과 그것을 가능케 하는 예수 그리스도가 궁극적인 모델, 즉 미메시스의 대상이 된다. 이것은 제유적 세계관으로 되어있는 동양시학에서는 볼 수 없는 목적론적 세계관의 특징을 지니고 있다. 초월적 중심이 분명한 길로 존재하는 이러한 시학은 사물들 사이 해체가 가속화되는 시절, 하나의 굳건한 방책이 된다고 볼 수 있다.

참 고 문 헌

구모룡, 『제유의 시학』, 좋은날, 2000.

김경복, 『서정의 귀환』, 좋은날, 2000.

김유동, 『아도르노와 현대사상』, 문학과지성사, 1997.

김윤식・김우종 외 30인, 『한국현대문학사』, 현대문학, 1995.

김재홍, 『한국 현대시의 사적 탐구』, 일지사, 1998.

박석, 「宋代 理學家 文學觀 硏究」, 서울대학교 대학원 박사학위논문, 1992.

서림, 『말의 혀』, 새미, 2000.

최승호, 『한국 현대시와 동양적 생명사상』, 다운샘, 1995.

최승호, 『한국적 서정의 본질 탐구』, 다운샘, 1998.

최승호, 『서정시의 이데올로기와 수사학』, 국학자료원, 2002.

최승호, 『서정시와 미메시스』, 역락, 2006.

야마다 케이지(김석근 역), 『朱子의 自然學』, 통나무, 1991.

劉若愚(이장우 역), 『중국문학의 이론』, 범학도서, 1994.

골드만, Lucien, The Hidden God, Routledge & Kegan Paul, 1964.

루카치, G.(김경식 역), 『소설의 이론』, 문예출판사, 2007.

리꾀르, P.(김한식, 이경래 역), 『시간과 이야기 1』, 문학과지성사, 1999.

베이트, W. J.(정철인 역), 『서양문예비평사서설』, 형설출판사, 1964.

벤야민, W.(반성완 역), 『발터 벤야민의 문예이론』, 민음사, 1983.

아도르노, Th. W. 호르크하이머, M.(김유동 역), 『계몽의 변증법』, 문학과
　　　지성사, 2001

플라톤(박종현 역주), 『국가・政體』, 서광사, 2004.

수사학으로 본 현 단계
우리 시의 지형과 가능성

1. 세계 인식과 구성 방법으로서의 수사학

현 단계 우리 시의 지형도와 그 가능성을 살피는 방법은 다양하게 있을 것이다. 중앙문단과 지역문단의 역학관계를 논제로 하는 방법도 있을 것이고, 생태주의시, 해체주의시, 몸시, 에로티시즘시, 정신주의시, 자연서정시, 페미니즘시, 탈식민주의시 등과 같이 시에 담겨진 사상이나 내용을 분류기준으로 보는 방법도 있을 것이다. 또는 세대론적인 관점에서 연령대별로 나누어 보는 관점도 있을 것이고, 매체인 잡지별로 세력분포를 나누어 보는 것도 가능할 것이다. 요즘은 바야흐로 모든 잡지가 동인지화 됨으로써 이 방법 역시 현실적인 유효성이 있을수 있을 것이다. 그러나 이 모든 것들은 이미 직접 혹은 간접적으로 여러 차례 반복적으로 규명되어 왔기에 방법적으로 새롭지 못한 점이 있다고 볼 수 있다.

여기서는 수사학적으로 현 단계 우리 시의 지형도를 살펴보고 그 미래적 가능성을 조심스레 짐작해 보고자 한다. 수사학은 원래 고대 그리스이래 비유를 통한 도구학으로 발전해 왔다. 사물에 대한 새로운 인식과 그 표현 방법으로 논의되어 왔던 것이다. 아리스토텔레스 이후 로만 야콥슨에 이르기까지 전통적인 수사학이 그러한 것이다. 그런데 최근들어 폴 드 만 같은 사람들에 의해 수사학은 단순한 도구학에 머물지 않고 세계인식 방법으로까지 그 외연과 내포가 확장되고 있다. 이에서 더 나아가 본인 같은 사람은 수사학을 이데올로기적인 차원으로까지 상승시키고 있는 것이다. 즉 이제 수사학은 새로운 세계인식 방법이나 표현방법에 머물지 않고 새로운 세계구성 방법으로까지 끌어올려지게 된 것이다.

사실 아리스토텔레스에게서도 이미 그런 모습이 나타나고 있다. 은유를 미메시스의 관점에서 정의하려 드는 것 자체가 이미 이데올로기적인 모습을 보여주고 있는 것이다. 미메시스나 은유라는 용어는 이미 본질과 현상을 일치시키고 사회적 통합에 의한 공동체적 정체성을 확보하려는, 치밀하게 계산된 담론의 생산물인 것이다. 그런데 근대라는 심한 몸살을 겪으면서 수사학의 이데올로기성은 더욱 강화되고 있다. 옛날부터도 원래 수사학은 논쟁의 무기였지만, 오늘날 그것이 지닌 무기적 성격은 더욱 고조되고 있다. 이 새로운 관점에서의 수사학적 방법에 의해 우리는 현 단계 우리 시의 세력 분포와 그 힘의 논리, 그리고 그것들간에 일어나고 있는 치열한 이념적 공방에 대해 효과적으로 파악할 수 있을 것이다.

2. 낙원회복을 꿈꾸는 은유주의자들

은유에의 의지니 은유적 욕망이니 하는 말들은 이미 그것들이 근대적 욕망임을 드러낸다. 앞에서 말한 바와 같이, 고대 아리스토텔레스 시대에 있어서도 은유가 공동체적 통합을 목적으로 했듯이, 근대에 들어 그것은 사회적 통합을 위한 보다 강력한 이데올로기로 부상한다. 근대 부르주아를 중심으로 하는 민족주의와 그것의 변질 형태인 제국주의 내지 파시즘뿐만 아니라, 프롤레타리아 독재를 통해 지상낙원을 건설하겠다는 급진적 사회주의 이데올로기 역시 근대적 은유의 유형들이다.

은유는 동일성을 지향한다. 보다 엄밀하게 말해서 근대 이후 은유는 동일성 회복을 지향한다. 근대 경험 이후 이미 잃어버린 동일성을 회복하는 것이 그들 은유주의자들의 꿈이요, 삶의 목표다. 그래서 '은유의 회복'이란 말도 동시에 성립된다. 이미 자본의 폭력과 인간의 이기심과 죄에 의해 파괴되고 해체된 은유를 회복하여 인간과 자연을 비롯한 다른 사물들의 구원을 도모하자는 게 그들의 논리의 핵이다.

그들은 이성 그 자체를 부정하지는 않는다. 모든 사물들 사이의 조화와 질서를 파괴하는 도구화된 이성은 부정하지만, 건전한 이성, 온전한 이성에 의한 사물들간의 통합은 매우 소중히 여긴다. 그리하여 그들이 꿈꾸는 사물들간의 통합은 논리를 벗어나지 않는다. 논리를 벗어나지 않는다는 것은 해체의 힘에 저항한다는 의미를 내장하고 있다. 해체의 힘에 저항할 수 있는 이성적 논리에는 중심적이 핵이 있기 마련이다. 그것은 계몽적 주체가 될 수도 있고, 낭만적 자아가 될 수도 있다. 그리고 집단적 주체가 중심핵을 차지하는 경우도 있고, 형이상학적 존재, 초월적 대상이 중심으로 작용할 수도 있다.

오늘날 환유주의자들과 제유주의자들이 맹공격을 퍼붓는 은유는 심히 왜곡된 은유이다. 그들 비판론자에 따르면 은유는 사물들 사이에 차이성은 전혀 인정하지 않고 동일성만 강조한다고 한다. 사실 차이성을 인정하지 않고 동일성만 강조하는 것은 상징이지 은유가 아니다. 그런데 상징 또한 넓은 의미에서 은유적 세계관의 하나이기 때문에 그들의 비판에 일리가 없는 것은 아니다. 사실 그들이 공격의 목표로 삼는 것은 제국주의나 파시즘 같은 왜곡된 은유적 사고방식이거나 사회 체제이다.

여기서 은유의 원래 의미를 호출할 필요가 있다. 은유는 차이성을 전제로 한 가운데 '유사성'을 찾는 정신적 행위이다. 이 유사성이 동일성의 다른 이름이다. 은유적 사고의 미덕은 이질성이 강한 사물들간에 유사성을 발견하는 데 달려 있다. 오늘날 같이 사회적으로 해체가 극단화되어 있는 경우, 올바른 은유는 사회적 통합을 위한 성숙한 마인드를 제공해 준다. 은유란 기본적으로 변증법적인 사고방식이다. 소크라테스, 플라톤, 아리스토텔레스 이후 발전되어온, 대화를 통한 사회적 통합 내지 합의에 이르는 성숙한 시민정신이 그 속에 들어있다.

사회적 통합과 합의에 이르는 변증법적 사고는 필연적으로 형이상학적 중심을 전제로 한다. 현상과 본질간의 일치, 기표와 기의의 일치, 주체와 객체의 합일 같은 통합적 사고는 형이상학적 초월적 존재 없이는 불가능하다. 흔히 진리로 표현되는 형이상학적 초월적 존재는 모든 사물들간에 조화와 질서를 부여하고, 선험적인 기의를 보장한다. 언어 기호로 사물의 본질을 탐구하는 진리의 시학인 서정시학은 그래서 전통적이다. 전통적인 서정시학은 미메시스를 기본원리로 삼고 있다. 진리인 초월적 대상을 모방함으로써 그것과 합일되고 부박한 현상계로부터 구원받고자 하는 욕망, 에로스적 욕망이 그 근저에 들어 있는 것이다.

낙원회복이란 말은 낙원상실이란 용어를 전제로 하고 있다. 이 낙원이란 바로 현상과 본질이, 기표와 기의가, 주체와 객체가 행복하게 일치하고 있는 시공간이다. 그 곳에서는 신과 인간이 다른 사물들과 함께 조화와 질서를 이루며 행복하게 공존하고 있었다. 은유적 욕망이란 신이 떠나버린 시대, 신의 도래를 기다리며 낙원회복을 꿈꾸는 미학적 행위인 것이다.

낙원회복을 꿈꾸는 은유주의자들의 문학은 낭만적인 시와 리얼리즘적인 시에서 가장 전형적으로 나타난다. 요즘 들어 그 세력이 현저하게 약해진 모습을 보이고 있기는 하지만, 여전히 공동체적인 비전을 포기하지 않고 있으며 시적 감동과 긴장을 유지하고 있는 시인들이 상당수 있다. 그들은 여전히『창작과비평』이나『실천문학』,『작가』등의 잡지를 중심으로 하여 포진하고 있으며, 민족문학작가회의의 구심 세력을 형성하고 있다. 이들은 '국민의 정부' 이후 현 '참여정부'에 이르기까지 정치권력과 유착되어 있는 관계로 많은 딜레마와 함께 한계점을 지니고 있는 것도 사실이다. 그리고 역설적으로 한국사회의 민주화가 그들의 입지를 많이 좁혀버린 것도 사실이다. 이러한 딜레마로 인해 작가회의 쪽 시인들이 정통 리얼리즘보다는 다소 낭만적인 시풍으로 유연하게 대처하는 경향이 나타났다.

알고 보면 낭만적 사고와 리얼리즘적 사고는 근대적 쌍생아가 아니겠는가? 그들은 낙원상실과 낙원회복이라는 미학적 개념틀을 기본적으로 공유하고 있다. 그리고 리얼리즘 내에서도 낭만성은 공존하는 것이다. 교조적인 리얼리즘에 빠져 입지가 위축되는 것을 막기 위해서도 그들은 낭만성을 강조하고 있는 것이다. 그런데 정치적인 민주화와는 달리 경제적으로는 엄청난, 어쩌면 지난 80년대보다 상대적으로 더 열악해진 불평등구조에 대해 그들은 심대하게 무기력해져 있다고 보아야 할 것이다. 게다가 많은 노동조합이 이익집단으로 탈바꿈 하는 과정에 더 큰 회의가 왔는지도 모른다. 확실히 그들은 요새 리얼리즘이란 말만 들어도 손사래를 친다. 중요한 것은 리얼리티이지 리얼리즘이 아니라고. 그것은 올바른 진전이다. 과거 그들은 리얼리즘을 지나치게 이론적으로 교조적으로 파고들었다가 위기에 봉착한 것이다. 리얼리즘은 아무래도 어떤 첨단 이론보다 작가의 사회적 양심에서 출발해야 하는 것이다.

작가의 사회적 양심을 강조하고 동시에 신축성 있는 문학 이데올로기를 유지해온 신경림 같은 시인은 지금도 유연하게 시대의 흐름에 대응하고 있는 모습을 보여주고 있다. 지난 연대 과격한 계급시는 현저하게 한 풀 꺾였음에 비해 신경림의 시 같은 온건한 민중적 서정시는 지금도 신축성 있게 변신함으로써 시적 진정성과 감동을 유지하고 있는 셈이다.

최근 시집 『뿔』에서 신경림은 낭만적 비전과 현실비판 내지 사회적 양심이라는 두 개의 축 사이를 오가며 번민에 찬 시를 보여주고 있다. 그에게서 보이는 낭만적 비전과 현실주의적 상상력은 기실 둘 다 근대적 모순을 극복하고자 나온 대응방식인데, 방법은 다르나 지향하는 목표는 동일하다. 「집으로 가는 길」, 「陋巷遙」, 「그 길은 아름답다」 같은 작품에서 보이는 향수의 미학은 단순히 퇴행적이고 보수적인 의미만 지니고 있는 것은 아니다. 그에게 있어서 옛집, 옛길, 고향은 시적 화자가 본받고 합일하고 싶은 미메시스의 대상이다. 이 소중하고 이상적이고 완벽한 진선미의 통합적 근거인 옛것들은 복잡하고 산만하게 해체된 정신분열증적인 현실의 폭풍 속에서도 마모되지 않은 존재들이다. 그러나 실제 그것들은 이미 현실 속에서는 존재하지 않는다. 그것은 이제 관념으로만 존재한다. 그러나 관념 그것도 그것을 믿는 사람들에겐 실체로 존재한다. 실체로 존재하면서 미래적인 의미를 생산한다. 발터 벤야민의 말대로, 근원적인 그것들은 미래적 목표로 존재한다. 과거가 현실을 비판하고 미래적 비전을 제시하는 근거로 부상한다.

한편 「뿔」, 「隣人」, 「개」 같은 비유적인 작품들에서는, 거대한 자본의 폭력 앞에 무너지고 비굴해진, 이기적으로 변질된 모습을 보여주는 하층계급에 대해 증오와 연민을 동시에 지닌 채 괴로워하면서도 미래적인 꿈을 완전히 버리지는 못하고 있는 시적 화자가 보이고 있다.

이재무는 시집 『위대한 식사』에서 생태시 내지 생명시의 진수를 보여주고 있다. 그의 생태시가 여타의 전통서정시인의 그것과 다른 점은 인간과 자연간의 관계에만 초점이 맞추어져 있지 않다는 것이다. 그가 자연을 찾고 존중하는 것은 인간과 자연간의 생태학적 관계뿐만 아니라, 근본적으로 인간과 인간간의 사회적인 관계를 보다 근본적으로 개선시키고자 하는 의도에서 나온 것이다. 생태시를 쓰면서도 그는 자연 안에서 모든 것을 해결할 수 있다고 믿지는 않는다. 오히려 인간의 주체적인 노력과 그 가치를 더 높이 사고 있다고 할 수 있다. 이처럼 여전히 사회학적 상상력을 중시하고 있는 이재무의 생태시나 자연서정시는 제유적인 성격을 띠고 있음에도 불구하고 은유적인 총체성, 총체적 동일성에의 꿈을 버리지 않고 있음을 알 수 있다.

이은봉 역시 생태시학을 내세우며 제유적인 측면을 기본으로 깔고 있으나, 인간의 주체적인 측면을 강조한다거나 사회학적 상상력의 중요성을 놓아버리지 않았다는 점에서 은유적 세계관을 유지하고 있음을 볼 수 있다.

그에 비해 노동자 시인인 김해화나 정인화의 경우, 다분히 과거 80년대적 사회과학적 방법을 고수하고 있다. 그들은 여전히 노동자 중심의 공동체, 총체적 동일성, 강력한 은유에의 꿈을 버리지 않고 있다. 사회학적 상상력을 토대로 은유적 동일성의 삶을 꿈꾸고 있는 주요 시인들로 이상국, 이중기, 박영근, 전남진 등이 있다.

나희덕의 서정시 역시 전통적인 은유적 세계관으로 되어 있다. 최근 그의 시에 나타난 생태페미니즘 역시 전통적인 서정적 동일성의 이념에 기초하고 있다. 그의 시가 둥근 원처럼 안정된 질서와 생명적 충만감을 보여줄 수 있는 것은 궁극적으로 초월적인 형이상학적 존재를 모방하고 있기 때문이다. 그의 시에 보이는 은유적 동일성은 직·간접적으로 바로 그 초월적 존재를 중심으로 이루어지고 있는 것이다.

이태수의 시집『내 마음의 풍란』에도 초월적인 형이상학적 존재로서 '그'가 나타난다. 그가 둥글고 환한 세상을 그리워하고 모방할 수 있는 것 역시 궁극적으로 '그' 때문이다. 이 시집에서도 생태시학적 관점이 보이지만, 그것이 오늘날 유행하는 제유와는 다르다. 그도 인간과 자연, 자연물과 자연물 사이에서는 제유적 관계를 읽고 있지만, '그'를 중심으로 한 은유적인 총체적 관계를 파악하고 있다.

마종기 역시 최근 시집『새들의 꿈에서는 나무 냄새가 난다』에서 형이상학적 존재를 향해 기도하는 자세로 초월하려는 욕망을 많이 보여주고 있다. '당신', '하늘' 따위로 비유되고 있는 초월적인 존재는 시적 자아로 하여금 둥글고 완벽한 서정의 세계, 생명력으로 충만한 은유적 동일성의 세계를 지향하게 해주는 원동력이자 목표로 존재한다.

필자인 본인 역시 이러한 초월적인 존재를 은유적 동일성의 근원으로 삼고 있다. 필자는 은유적 동일성의 기본 원리를 미메시스의 철학에서 찾고 있는데, 이를 주체중심주의에서 벗어나는 한 방법으로 제시한 바 있다. 그리고 필자는 서정적 동일성의 원리인 미메시스에서 시적 통합과 시적 구원의 가능성을 찾아내고 있다.

미메시스를 기본 원리로 깔고 있는 은유적 동일성은 결국 관념론적이거나 유물론적이거나 객관적으로 존재하는 보편적인 진리를 모방하는 데서 비롯된다. 이 시대 객관적이고 보편적인 원리를 믿으면서 시적 통합을 통해 사회적 통합과 인격적 통합을 이루어내고자 하는 이 방식은 마치 탁류를 거슬러서 시원에 이르고자 하는 무모함과도 같다. 그래서 서정에 대한 믿음이 종교적인 것에 가깝지 않고는 금방 무너지고 만다.

은유적 세계관과 그것에 의해 빚어지는 총체적 동일성이라는 전통적 서정시형을 유지하며 자신만의 고유한 시적 세계를 열어 가는 시인들이 예나 지금이나 문단에서 대종을 이루고 있음에도 불구하고 환유나 제유적 세계관으로 시를 쓰는 사람들에 비해 크게 주목을 받고 있지 못하다. 그것은 이들 은유적 서정시들이 이 시대 유행하는 담론과 거리를 두고 있는 탓도 있겠지만, 애초에 이것들을 분석해 주고 지원해 줄 수 있는 비평적 도구들이 제대로 개발되지 못했기 때문이다. 이런 은유적 서정시형을 창조적으로 계승 발전시키고 있는 주요 시인들로는 홍윤숙, 김남조, 허영자, 천양희, 문정희, 이시영, 허형만, 노향림, 한영옥, 최문자, 이인원, 김상미, 손진은, 이승하, 최춘희, 박현수, 전동균, 정영선, 권혁웅, 김태형 같은 이들이 있다.

3. 자유와 민주를 갈망하는 환유주의자들

앞서 살펴본 은유가 전통적인 비유적 이미지, 상대적 심상으로 이루어짐에 비해, 환유는 '서술적 이미지'[1](김춘수), '날이미지'(오규원), 절대적 심상으로 이루어진다. 앞에서도 말했듯이 전통적으로 은유가 상이한 두 사물 사이에서 유사성을 발견하는 능력을 의미한다면, 환유는 인접성을 강조한다. 은유가 두 사물 사이에 동일성의 필연적 근거를 확보하는 데 주력한다면, 환유는 바로 그 동일성의 회피를 지향한다. 따라서 환유는 우연성을 강조한다. 차이, 다름을 강조한다. 따라서 사물들 사이의 동일성이나 유사성의 근거인 형이상학적 실체를 인정하지 않는다.

형이상학적 실체, 신적 존재를 인정하지 않으니, 사물들간의 논리적 연속성을 인정할 근거가 사라진다. 신의 부정은 또한 선험적인 기의를 부정하는 결과를 초래한다. 모든 진리와 도덕과 미는 절대적으로 보편적으로 객관적으로 존재하는 것이 아니라, 상대적으로 존재할 뿐이라는 결론에 이르게 된다. 전통적으로 시를 가능케 하는, 선험적으로 존재한다고 믿던 '시적인 것'이 공기 중에 사라져버렸다고 생각한다. 이제 시는 더 이상 고상한 그 무엇이 아니라, 비루한 일상처럼 권태롭고 소망 없는 것이 되어버렸다.

환유주의자들은 기표와 기의를 완전히 분리한다. 그들에 따르면 바람직한 문학작품은 단순한 기표놀이여야 한다. 사회적 정치적 의미가 들어있는 선험적 기의는 진리가 아닐 뿐만 아니라, 억압과 구속의 기제로 작용한다고 그들은 간주한다. 따라서 일상적인 현실적인 모든 의미가 배제된 절대적 심상으로 만들어진 인공물로서의 시는 '무의미시'(김춘수)가 되거나 '비대상시'(이승훈)가 된다. 무의미시나 비대상시들은 언어의 자기준거성에 기초하고 있다. 그들은 내면의 무의식 세계에만 집착하고 있는데, 그 무의식 세계는 현실적 이데올로기로부터 자유로운 정신의 해방구이다. 그리고 그들은 그 무의식을 형성하고 있는 이미

---

1) 김춘수가 사용하는 '서술적 이미지'는 적확한 용어가 되지 못한다. 비유적 이미지에 대항해서 사용되는, 아무런 관념이 들어있지 않은 이미지를 의미하는데, 그것은 묘사적 이미지나 절대적 심상에 더 가깝다.
김준오, 『시론』, 삼지원, 1997, p.167.

지, '태초의 언어'(김춘수)를 복구하는 데 전력을 쏟아 붓고 있다.

결국 그들 환유주의자들은 현상과 본질을 분리한다. 아예 초월적인 본질, 선험적 기의, 신 등을 인정하지 않기 때문에 그들이 기댈 곳은 비루한 자본주의적인 일상뿐이다. 루카치가 말하는 선험적 좌표로서의 별(진리)을 애시당초 부정하기 때문에 아예 나아갈 길이 없다. 이 '길없음'의 절망적인 미학은 상대주의 내지 다원주의에 기초하여 '자유와 민주'를 이념으로 표방함에도 불구하고 극단적인 허무주의에 이르고 만다.

이런 우울증의 시학(이승훈)은 처음부터 낙원을 인정하지 않는다. 그들에겐 잃어버린 낙원도 없고 회복할 낙원도 없다. 보편적이고 객관적인 진리가 없으니, 그것을 근거로 한 변증법적인 통합의 논리가 없다. 변증법적 통합의 논리가 사라지니, 대화도 상실되고 우울한 독백만 존재할 뿐이다. 서정시학은 대화를 전제로 하기 때문에 대화의 추방은 곧 서정의 추방을 초래하게 된다. 독백의 시학인 환유는 대화의 전제조건인 언어의 지시적 기능을 부인하는 데서 비롯되는 것이다.

언어의 지시적 기능을 부정하는, 소위 '무의미시'나 '비대상시'를 지향하는, 다시 말해 反미메시스를 표방하는 이들 해체시는 주관과 객관의 일치를 회피한다. 그들에겐 모방할 만한 대상이 아예 존재하지도 않는다. 시적 행위의 대상은 불안하고 우울한 분열증세를 보이고 있는 주체의 내면 세계로 한정된다. 우울하게 분열되고 해체된 주체의 내면을 반영하는 환유주의자들의 미학은 그로테스크할 뿐이다.

이러한 비동일성의 시학, 반서정의 시학의 전통을 이어받고 있는 잡지로는 『문학과사회』, 『현대시』, 『포에지』, 『시와반시』, 『다층』, 『시와세계』, 『시와사상』 등이 있다. 최근 이승훈 중심으로 이루어진 모더니즘시학회가 새로운 구심점으로 떠오르고 있으나, 이들 환유주의자들은 최근 부각된 제유적 상상력에 밀려나 소수집단화 되고 있다. 그들은 90년대 은유적 총체성을 거세게 비판하면서 문단이나 학계에서 강력한 세력으로 부상했으나 21세기 들어 한 풀 꺾이고 있다고 볼 수 있다.

대표적인 이론가로는 이승훈, 황현산, 박재열, 정과리 등을 들 수 있다.

이승훈은 첫시집 이후『너라는 햇빛』에 이르기까지 한결같이 해체시를 추구해왔다. 그는 현실적인 의미가 배제된 언어, 자기지시적인 언어로 구성된 자신의 분열되고 해체된 내면을 시적 대상으로 잡아오고 있다. 해체시와 해체시론의 사령탑을 맡고 있는 이승훈은 김춘수를 상징적 존재로 내세우면서 모더니즘 내지 포스트모더니즘의 관점에서 세력을 확산시키고 있다.

수도권에서는 채호기, 김영승, 박찬일 등 남성 중진 시인들이 오규원이나 이승훈의 맥을 이어받으면서 환유적 세계관을 지속적으로 유지해오고 있다. 그 다음 세대로 서정학, 성기완, 함기석, 성미정, 심재상, 김행숙, 이수명, 이원 같은 젊은 시인들이 맥을 이어받으면서 다양한 변주를 보이고 있다.

부산에서는『시와사상』을 중심으로 정영태, 김종미, 김경수, 김형술, 박강우, 정익진, 김혜영, 조말선, 김언, 김참 같은 시인들이 조향, 허만하의 전통을 이어받으면서 환유적 세계인식을 토대로 부산 독자적인 강력한 세력을 구축하고 있다.

대구에서는 강현국, 박재열, 박미영 등이 김춘수의 맥을 이어받아서『시와반시』등을 중심으로 하여 지금까지 줄곧 환유론의 전사로서 활동하고 있다. 그들은 중앙의 김춘수, 이승훈 등과 제휴하면서 은유주의자들에게 줄기차게 맹공격을 퍼부어 왔다.

제주에서는 윤석산이 변종태, 정찬일, 강수, 서안나, 현희 등과 더불어 잡지『다층』을 중심으로 하여 전국적인 활동을 하고 있는데, 지역적 한계를 극복하고 담론을 주도적으로 이끌어 나가고 있다.

김승희, 김혜순 등은 해체주의 계열의 페미니즘 이론을 내세우면서 그 쪽 계열의 주된 흐름을 형성하고 있다. 박서원, 김정란, 노혜경, 김언희 등으로 이어지는 이들 해체주의 계열의 페미니즘은 90년대 문단을 주도했으나 21세기 들어 그 세력이 많이 약화된 감이 있다.

김상미 같은 시인은 해체주의 계열의 페미니즘으로 시작했으나 서정적 계열로 돌아서면서 독자적인 노선을 보여주고 있어서 주목할 만 하다. 김혜순 역시 21세기 들어 신화, 그것도 동양신화에 관심을 돌림으로써 새로운 경지를 열어나가고 있는 형국이다. 김승희의 해체적 페미니즘은 탈식민주의와도 관련된다는 점에서 관심을 끌고 있다.

4. 조화와 공생을 소망하는 제유주의자들

지난 80년대가 통합을 강조하는 은유의 전성시대였고, 90년대가 그 통합적 사유체계를 해체하는 환유의 전성시대라면, 21세기 벽두 지금은 바야흐로 유기적 관계를 표방하는 제유의 전성시대이다. 제유론자에 따르면, 은유는 물샐 틈 없는 총체성의 구조 때문에 숨이 막혀 자유가 없다는 것이다. 그리고 그것은 근대의 주체중심주의, 이성중심주의에 입각해 있기 때문에 근본적으로 제국주의적이며 파시즘적이라는 것이다. 이 물샐 틈 없는 총체성의 구조에 숨구멍, 틈새를 만들어주어서 자유를 구가하자는 것이다. 그리고 지나친 주체중심주의로 인해 초래된 억압으로부터 벗어난 사물들이 스스로 작은 중심들을 형성하게 하여 민주적 관계를 갖게끔 도모한다는 것이다.

제유론자들에 따르면 우주 내 모든 사물들은 각자 스스로 작은 중심을 이루면서 서로서로 음양관계로 긴밀히 연결되어 있다는 것이다. 모든 사물들은 환유주의자들이 보는 것처럼 완전히 파편화되고 해체되어 있는 것이 아니라, 부분적으로 독자성을 유지하면서 전체적으로 긴밀하게 내적인 연속성을 형성하고 있다는 것이다. 이들 제유론자들에 따르면 모든 사물들은 동일한 질료인 氣로 만들어져 있기 때문에 서로간 질적인 차이가 없다는 것이다. 그리하여 인간 주체와 외적 사물 사이에 질적으로 우열의 차이가 존재하지 않는다는 것이다. 인간 주체조차 거대한 생명의 연속체인 우주의 한 부분이라는 것이다. 따라서 여기에서는 주체중심도 대상 중심도 일어나지 않는다. 이때 동일화는 주체와 대상간에 대등하게 이루어진다.

주체는 이상적인 자연 대상을 본받고, 대상 또한 살아있는 사물로서 대등한 관계로 주체를 본받는다. 은유에서의 미메시스가 대상 중심의 일방적인 관계라면, 제유에서의 미메시스는 주체와 대상간 상호 대등한 민주적인 관점에서 이루어진다.

탈근대적인 사유체계의 하나인 제유는 역시 탈근대 사유체계의 하나인 환유도 비판한다. 환유처럼 지나치게 파편화되어 있는 것을 부정한다. 그리고 반미메시스적인 것을 부정한다. 미메시스를 토대로 하고 있다는 점에서 제유는 은유와 유사하다. 기표와 기의의 완전한 분리를 주장하지 않는다는 점에서도 환유와 다르다. 제유 중에서도 불교적 사유는 환유에 가깝고, 유학사상은 은유에 가깝다. 불교에서는 초월적이고 절대적인 진리를 적극적으로 부인하기 때문에 객관적이고 보편적인 진리체계가 없다. 미가 객관적으로 존재한다고 믿지 않는다. 유학사상에는 소극적이나마 一者 개념이 있어서 객관적이고 보편적인 진리 개념이 어렴풋이 존재한다. 따라서 유학사상은 제유에서 출발해서 은유로까지 나아가는 측면이 있다. 그에 비해 노장사상이나 샤머니즘에서는 전형적인 제유적 사유체계가 보인다.

이들 제유론자들은 동일성이라는 용어를 폐기코자 한다. 동일성이라는 용어 속에는 근대 서구 주체중심주의가 들어있다는 것이다. 구모룡은 '조화'라는 용어로 김경복은 '物化'라는 장자식 용어로 대체하고자 한다. 그들이 꿈꾸는 조화 내지 물화는 결국 전통 동양적인 동일화의 한 방법인데, 그것은 전근대에서 빌어온 방식이다. 제유론자들은 전근대에서 탈근대적 방법을 찾아온 것이다.

그들 제유론자들에 따른다면 낙원상실 개념이 없다. 그들에게 낙원이란 인간을 둘러싸고 있는 대자연이다. 대자연이란 말 속에는 종교적인 뉘앙스가 들어가 있다. 그들은 자연을 완벽한 신적인 존재로 본다. 피조물이 아닌 자연은 스스로 존재한다고 보고있다. 인간 주체는 이 스스로 존재하는 대자연의 일부이면서 그것과 감응운동을 하면서 그것을 본받고 배움으로써 자기발전을 꾀해간다고 생각한다. 산수시나 산수화의 이념은 인간이 산수자연을 본받고 자신의 인격을 완성해나가는데 있다. 그들은 낙원을 '발견'하기만 하면 된다. 자신들 주위에 도처에 널려있는 위대한 자연을, 그 생명력을 발견하고 깨닫고 그것과 교감하기만 하면 된다. 낙원발견은 주체의 마음 고쳐먹기에 달렸다.

낙원을 잃어버렸다는 상실개념이 없으니 회복이란 개념도 없다. 그들의 삶은 은유주의자들처럼 과거나 미래를 지향하지 않고 현재적이면서도 현세적이다. 그렇다고 환유주의자들처럼 무방향적이지도 않다. 그들은 환유주의자들처럼 시계를 죽이지 않는다. 무시간성을 지향하는 것은 비슷한데, 환유의 무시간성이 시간을 해체한 것임에 반해, 제유의 무시간성은 유토피아적인 영원성에 맞닿아 있다.

제유가 추구하는 유토피아는 은유가 추구하는 그것과 다르다. 초월적인 중심, 신을 인정하지 않기 때문에 그것은 총체적 동일성을 지향하지 않는다. 그것은 유기적 동일성을 지향한다. 초월적 주체가 없는 사물들 사이의 유기적 관계, 그것이 그들이 꿈꾸는 삶의 방식이다. 초월적 중심이 없기 때문에 제유주의자들에겐 변증법적인 통합에의 노력이 보이지 않는다. 목표를 정해놓고 존재들간 의사를 조정하는 적극적인 합의 과정이 잘 보이지 않는다. 그런 의미에서 은유처럼 목적론적인 삶이 나타나지 않는다. 그들은 흐르는 물처럼 그렇게 자연스럽게 살면서 상호 공존을 도모한다. 사회적 통합에의 적극적 의지가 없는 만큼 그들의 꿈은 사물들간 상호 간섭 없는 공존이다. 서로가 서로를 방해하지 않고 공존하는 것, 이것이 그들이 말하는 조화로운 삶의 방식이다.

오늘날 대유행하는 대부분의 생태시 내지 생명시는 이 제유주의와 연결되어 있다. 최동호가 중심이 되어있는 소위 '정신주의 시'도 역시 그러하다. 동양학에서 말하는 氣이론에 바탕을 두고 있는 정진규의 '몸시'도 제유적 공존을 꿈꾸고 있다.

이들의 이념을 대변하는 주요 잡지로는 수도권에서 발간되는『현대시학』,『서정시학』,『시와시학』과, 부산에서 발간되는『신생』, 광주에서 발간되는『시와사람』, 마산에서 발간되는『시와생명』 등이 있다.

대표적인 이론가로 최동호, 신덕룡, 이숭원, 정효구, 구모룡, 김경복, 이성희, 홍용희 등을 들 수 있다. 불교적인 사유로 생태시 내지 정신주의 계열의 자연서정시를 쓰는 시인으로는 오세영, 이성선, 임영조, 고형렬, 박태일, 최승호, 이정록 등이 있는데, 최근 이승훈이 이쪽으로 합류했다. 노장사상을 현대적 감각으로 되살려 시를 쓰는 사람으로는 유하, 장석남 등이 있고, 이성복이 유교적인 생명사상을 모더니즘적인 감각으로 받아들이며 자연서정시를 독특하게 생산해내고 있는 경향이 있어 보인다.

5. 보다 신축성 있는 통합을 위하여

한국현대문학사는 통합과 해체간 길항의 역사이다. 통합적 사고가 극단에 이르면 그 반대항인 해체의 논리가 발흥한다. 1980년대가 극단적인 통합의 시대였다면, 1990년대는 극단적인 해체의 시대였다. 지나친 은유와 지나친 환유는 억압 아니면 허무를 가져오기 십상이다. 그리하여 21세기 벽두에는 그 중간항인 제유가 고개를 들고 대안으로 나왔을 것이다.

앞에서도 말했듯이, 제유는 사물들간 부분적 독자성을 유지하면서도 내적 연속성을 이루어내고 있기는 하지만, 사회적 통합에 대한 열망이 부족하다. 사물들간 합의점을 도출해내려는 의지가 부족하다. 잘해야 기껏 조화와 공존이다. 그것은 제유 속에 변증법적 대화적 사유가 결여

되어 있기 때문이다. 조선조 선비들의 모습을 보라. 그들에겐 치열한 논쟁을 통해서 상호간 의견을 수정해 나가 합의에 이르는 과정과 훈련이 부족하다. 마치 숲 속의 소나무들의 모습과 같다. 개개의 소나무는 독야청청 하지만 어울려 살 줄은 모른다. 소나무는 자기 그늘 안에 다른 소나무가 들어오는 것을 용납하지 못한다.

　너무나 많은 이해관계가 복잡하게 얽힌 현대사회에서 제유는 대단히 소극적이면서도 미약한 대안으로 남을 뿐이다. 거대한 자본의 폭력 앞에 좀더 기능적으로 대처하려면 은유로 나아가는 게 온당하다고 본다. 개개 사물들 사이의 차이성을 인정한 가운데 유사성을 찾아나가는 성숙한 은유, 건강한 은유야말로 이 시대 보다 나은 대안이 될 것이다.

　동양사상 중에서도 유가사상은 제유에서 출발하지만 은유로까지 고양되는 측면이 있어서 미래 상당한 영향력을 행사할 것으로 보인다. 대상인 자연과 인간 주체간의 물아일체를 이야기하고 있음에도 불구하고, 인간 주체의 창조적인 주도력을 높이 평가하고 인정하고 있다는 점에서 유가사상은 새로운 현실적인 대안으로 떠오를 가능성이 높다.

　그리고 기독교적인 생태시와 같이 초월적인 존재를 중심으로 인간과 자연이 유기적 동일성을 형성하는 것도 생산적인 대안으로 꿈꾸어볼 만하다. 초월적인 중심이 안정되게 확보될수록 은유구조는 신축성이 있으면서도 탄탄해지기 때문이다.

시와 동일성

1. 서정적 동일성

근대 독일문예학의 출현 이래 문학장르는 내적 형식으로 설명되어져왔다. 여기서 말하는 내적 형식은 작품 내에 담겨있는 문학적 주체의태도 내지 세계관으로 일컬어지는 개념이다. 시, 좁게 말해서 서정시는동일성의 세계[1]를 지향한다. 동일성의 세계란 시적 주체와 세계가 하나로 혼융된 이상적인 상태를 말한다.

근대 이전에는 이 동일성의 세계가 자명하고 당연한 것이었는데 비해, 근대 이후에는 그렇지가 않다. 근대 이후 동일성의 세계는 지상에더는 존재하지 않는 것, 회복되어져야 할 그 무엇이다. 이 동일성의세계는 유토피아의 세계로서 신과 인간과 자연이 서로 조화를 이루며존재하는 선험적 고향[2], 곧 근원을 지칭한다. 여기서 말하는 선험적고향, 근원은 미래의 목표로 기능한다.[3] 과거적 사태로 끝나는 것이아니라, 불완전한 현재를 비판하고 개혁할 수 있는 미래적 지표로 기능한다.

---

1) Ernst Bloch, The Principle of Hope, translated by N. Plaice, P. Knight(Oxford: Blackwell), p.203.
2) 게오르그 루카치(반성완 역), 『루카치 소설의 이론』, 심설당, 1985, p.29.
3) 발터 벤야민(반성완 역), 『발터 벤야민의 문예이론』, 민음사, 1983, p.350.

짝새가 발뿌리에서 닐은 논드렁에서 아이들이 개구리의 뒷다리를 구어
먹었다

　　게구멍을 쑤시다 물쿤하고 배암을 잡은 늪의 피 같은 물이끼에 햇볕이
따그웠다

　　돌다리에 앉어 날버들치를 먹고 몸을 말리는 아이들은 물총새가 되었다
　　　　　　　　　　　　　　　　　　　　　　　　　　— 백석, 「夏沓」 전문

　위의 작품에는 동화적 세계가 그림처럼 펼쳐져 있다. 짝새가 발부리
에서 날아오르는 논두렁에서 아이들이 개구리를 잡아 뒷다리를 구워먹
었다는 데서 자연과 일체화된 소박하고 동화 같은 삶을 보게 된다. 그
리고 늪에서 게를 잡기 위해 구멍을 쑤시다 손으로 뱀을 잡은 이야기,
돌다리에 앉아 날버들치를 먹고 몸을 말리던 아이들이 물총새가 되었
다는 이야기 등은 자연 속에서 자연과 더불어 하나가 되어 사는 낙원적
모습을 보여준다.
　이 시에 나오는 사물들은 부분적으로 독자성을 지니며 전체적으로는
내적으로 연속되어 하나의 유기적인 세계를 이루고 있다. 초월적 중심
이 없이 모든 사물들이 서로 대등하게 민주적 관계를 맺고 있다. 즉,
사물들 사이에 제유적 관계가 형성되어 있다. 대상과 자아 사이에도
그러한 제유적 관계가 형성되어 있다. 이것은 바로 백석이 추구하는
바 소위 동양적 유토피아의 세계이다. 선험적 고향을 잃어버리고 나그
네로 떠도는 시적 주체는 동일성의 세계를 이렇게 동양적인 방법으로
회복하고 싶어 하는 것이다. 여기서 제시된 토속적 유토피아는 일제에
의해 강요된 근대화에 대한 비판을 내포하는 동시에 미래적 비전을 서
정적으로 제시하고 있다.
　이처럼 서정적 동일성을 향한 미학적 이념은 근원적 삶의 방법을 제
시함으로써 근대가 안고 있는 부정성을 비판할 뿐만 아니라, 미래적

비전을 제시한다는 의미에서 역사철학적 의미를 지니고 있다. 그것은 보수주의적인 방법으로 현실개혁의 논리를 제공한다. 그것은 일종의 역진보의 논리를 지니고 있다. 역진보의 논리의 핵심엔 이른바 '숨은 신'4)이 존재하고 있다. 헤겔의 표현대로 말하면, 근대란 신이 떠나버린 시대이다. 만물의 존재근거이면서 통합의 원리인 신이 사라진 시대, 신을 찾아 헤매는 것이 근대문학이라는 것이다.

통합의 근거인 신이 떠나버린 시대, 만물은 분열과 해체를 거듭한다. 갈수록 이 분열과 해체는 심해진다. 서정적 동일성이란 하나의 이데올로기이다. 거기에는 사물들 사이의 분열과 해체를 지연시키고 새로운 통합을 도모하고자 하는 열망이 들어가 있다. 통합에는 중심축이 있어야 한다. 이 중심축으로 기능하는 것이 바로 '신'이고 '진리'이다. 이런 의미에서 서정시학은 진리의 시학이다. 서정시가 진리를 토대로 할 때 사회적인 통합을 지향할 수 있다. 진리의 시학을 지향하는 서정시는 개인의 내면적 인격적 통합을 꾀할 수도 있다. 동일성의 근거인 진리를 토대로 자아정체성을 확보할 수 있기 때문이다.

오늘날 이 동일성에 대해 회의하고 비판하는 사람들이 많이 있다. 동일성에 근거한 시만을 서정시라 부를 수 없다는 견해들이 있다. 동일성에 근거한 전통적 서정시를 좁게 서정주의시라 부르며 서정시의 개념을 확장하려 한다. 보들레르 이후 비루하고 외설적인 것이 서정시의 진정한 내용이라 말한다. 통합의 원리인 신, 객관적이고 보편적인 진리가 사라졌으니, 분열되고 해체된 병든 사회와 개인의 내면을 있는 그대로 드러내는 것이 진정한 서정이라 말한다. 따라서 '차이'를 중시하는 비동일성에 근거한 '반서정시'(반시)야말로 이 시대 진정한 서정시라고들 말한다. 확실히 '서정시'는 고정된 개념이 아니다. 그것은 시대의 요구에 따라 달리 정의될 수밖에 없는 것이다.

---

4) Lucien Goldmann, The Hidden God, Routledge & Kegan Paul, 1964, p.30.

아우슈비츠 이후에 서정시를 쓰는 것은 야만이라고들 말한다. 이것은 순수서정시의 순진성을 두고 일컫는 말이다. 그럼에도 불구하고 지구상에는 끊임없이 순수서정시가 쓰여지고 있다. 그것은 인류가 여전히 순수하고 순진한 삶을 향한 서정적 열망을 포기하지 못하고 있다는 것을 보여준다. 서정적 열망이란 바로 동일성에 대한 꿈이요, 통합에 대한 바람이다. 서정시가 추구하는 순수한 삶, 유토피아적인 삶은 결코 허무맹랑한 것이 아니다. 서정시가 지니는 이러한 순수성 내지 순진성은 근대 이후 타락한 삶을 비판하고 우리의 잘못된 삶의 궤도를 수정하게 해준다. 뿐만 아니라 우리의 삶에 저항력을 높여준다. 그리고 보다 바람직한 삶에 대한 희망을 갖게 한다. 이것은 바로 서정시가 추구하는 동일성의 세계, 조화와 질서가 잡힌 세계 때문이다.

서정적 동일성에 이르는 방법은 시대와 장소에 따라, 문화권과 세계관에 따라 다양하게 전개되어 왔다. 서정적 동일성에 이르는 방법이 다양하다는 것은 갈등의 종류와 그것을 해소하는 방식이 다양하다는 것을 뜻한다. 그리고 각각의 서정화 방법들은 그것이 배태된 시대와 장소에 따라 삶의 방식과 내용에 따라 다양하게 요청되어 온 구체적인 양상들인 것이다.

2. 서정적 동일성에 이르는 서구 낭만주의적 방법

사전적 정의에 따르면, 서정시는 '대상에 대한 주관적인 느낌을 표현한 것'이 된다. 이같은 소박하고 일반화된 정의 속에는 알게 모르게 근대 서구 낭만주의적인 미학사상이 들어가 있다. 우리는 주로 이러한 낭만주의적 관점에서 서정시를 이해해 왔었다.

대상에 대한 주관적인 느낌을 표현한 것이 서정시라는 사고방식은 서구에서도 18세기에 형성된 개념에 지나지 않는다. 대상에 대한 주체의 절대적 우위를 말하고 있는 이러한 표현론적 관점은 낭만주의 미학 사상을 완성시킨 헤겔에게서 잘 나타난다.

> 서정시의 내용은 주관적이고 내적인 세계이며 관조하고 감동하는 마음 이어서, 이것은 행위로 나타나 전개되는 것이 아니라 내면성에 머무른다. 따라서 주체의 자기표현을 유일한 형식이자 목표로 삼을 수 있다. 그러므 로 여기에서는 하나의 실체적인 총체가 외부사건으로서 펼쳐지는 것이 아니라, 자기 안으로 향하는 각 개인의 직관, 감정, 성찰이 가장 실체적이 고 물질적인 것을 내포하는 것으로, 그 자체의 열정이나 기분, 반성으로 서, 그리고 이것들에게서 직접 생긴 결과로서 전달된다.[5]

서정시를 주관적이고 내적인 세계의 표현으로 보는 헤겔의 이러한 정의는 이후 독일문예학에서 부동의 위치를 차지한다. 그 이후 서정시를 정의하는 독일의 문예학자들은 헤겔의 정의를 토대로 자신의 견해를 피력해왔다고 볼 수 있다.

'자아(das Ich)'와 '세계(die Welt)'의 관련양상 속에서 문학을 4대 장르(서정, 서사, 극, 교술)로 구분한 자이들러 역시 헤겔 선상에 놓여있다고 볼 수 있다. 자이들러는 서정의 본질을 '서정적 자아에 의해 포획된 세계(die vom lyrischen Ich ergriffen Welt)'[6]라고 설명하고 있다. 이 것은 대상에 대한 주체의 우위를 설명하는 소위 주체중심주의적 사고를 드러내는 근대적 사유의 하나이다. 이러한 주체중심주의적 사고는 낭만주의 시관의 본질적 특징으로 내려오고 있다.

에밀 슈타이거는 서정시의 본질을 자아에의 회귀로 보고 있다. 그는 회감(回感)이란 용어로 자아와 세계가 일체화된 모습을 보여주고 있다. 원래 회감은 과거와 현재와 미래가 혼융되어서 구분되지 않은 상태를 지칭하는 외연적 개념이다. 그러나 거기에 그치지 않고 자아와 세계뿐

---

5) G. W. F. Hegel(최동호 역), 『헤겔시학』, 열음사, 1987, p.87.
6) H. Seidler, Die Dichtung, Alfred Kröner Verlag, 1965, p.385.

만 아니라 리듬과 의미가 시제와 더불어 하나로 녹아드는 혼용된 상태를 지칭하는 내포적 의미도 지닌다.[7] 에밀 슈타이거로부터 영향을 받은 볼프강 카이저 또한 자아와 세계간의 동일성을 표현론적으로 정의하고 있다. 자아와 세계가 동일성을 이루되 주체중심으로 이루어진다고 표명하고 있다. 그는 그러한 주체중심적 동일성을 '대상의 내면화'라 부르고 있다.[8]

우리나라에서도 이러한 주체중심적 시관이 서구로부터 이입되어 그대로 이어져온 것이 사실이다. 홍문표 같은 학자는 "외부 세계의 충격에 대한 유기체의 반응을 인간의 존재양식이라 할 때, 시인의 경우, 이 반응은 단순한 수동적이 아니라 그 외부 세계를 자기가 갖고 싶어 하는 세계로 변용시켜 자아와 세계가 동일성을 이루도록 하는 능동적 의미도 지니고 있다"[9]고 주체중심적인 견해를 피력하고 있다. 그리고 그는 "표현론의 관점에서 볼 때 시는 거울이 아니라 스스로 빛을 발하는 등불이 된다. 여기서 내면세계란 시인의 고유한 정신적 행동이며 시인의 감정과 욕망을 내포하는 충동의 세계다"[10]라고 말하고 있다. 이것은 M. H. Abrams 의『거울과 등불』에서 빌려온 개념들이다. 에이브람즈 자신 이 책에서 낭만주의를 연구하고 그것의 중요성을 강조하고 있다. 즉 그는 모방으로서의 거울의 미학에서 표현으로서의 등불의 미학으로 나아갈 필요성과 정당성을 강조하고 있다.[11]

조동일 역시 '세계의 자아화'란 개념으로 서정시 일반을 설명하려 한다.[12] 이것은 자아와 세계라는 이분법으로 문학장르를 설명하는 독일 문예학과 이기철학이라는 전통동양적 사유를 접목시킨 이론으로 나름

---

7) E. Steiger(이유영 · 오현일 공역),『시학의 근본 개념』, 삼중당, 1978, p.17.
8) V. Kaiser(김윤보 역),『언어예술작품론』, 1982, pp.520~521.
9) 홍문표,『현대시학』, 창조문학사, 2004, p.445.
10) 홍문표,『현대시학』, 창조문학사, 2004, p.53.
11) 김경복,『생태시와 넋의 언어』, 새미, 2003, p.67.
12) 조동일,『한국소설의 이론』, 지식산업사, 1977, p.101.

대로 독창성이 인정되는 용어이다. 그러나 '세계의 자아화'라는 용어는 낭만주의 계통의 시를 설명하는 데는 효능이 있으나 그렇지 않은 시를 분석하는 데는 무리가 따른다.

우리나라에서 동일성이란 용어로 서정시를 본격적으로 설명하고 있는 학자는 김준오라 할 수 있다. 김준오의 저서 『시론』 전체를 꿰뚫고 있는 개념이 바로 이 동일성이다. 그가 사용하는 동일성이란 개념은 하나의 이데올로기로 부상한다. 김준오는 동일성을 자아와 세계의 일체감13)이라 표현하고 있다. 이것은 조동일이 말하는 '세계의 자아화'보다는 폭넓은 개념이다. 그가 이 폭넓은 개념으로서 동일성이란 용어를 사용한 것은 기존의 서정시론들이 가지고 있는 주체중심주의적 뉘앙스를 벗어나고자 한 것이 아닌가 한다. 그럼에도 불구하고 김준오의 동일성이론에도 근대 서구 낭만주의적 냄새가 배어 있다. 김준오는 동일성에 이르는 두 가지 방법으로 동화와 투사를 들고 있다. 이 동화와 투사가 바로 근대 서구 낭만주의자들이 주로 취하는 창작방법인데, 그 속에는 은연중 주체중심주의적 사유체계가 들어가 있는 것이다.

동일성이란 용어에 주체중심주의적 사고방식이 스며들게 된 것은 근대 동일철학 때문일 것이라는 견해가 있다. 다시 말해 독일낭만주의에 지대한 영향을 끼친 독일 관념주의 철학자 셸링의 '동일철학'에서 그러한 자아중심주의가 시작되었다는 견해이다.14) 셸링의 동일철학은 주관과 객관의 통합을 지향하고 있다. 자연철학에서는 객관적인 힘의 절대적인 통합이, 그리고 선험적 관념론에서는 주관적인 것의 통합이 전제되어 있다. 그 다음으로 객관과 주관을 절대적 동일성으로 통합하는 것이 과제다.15) 그런데 이 통합의 과정에서 주체중심주의적 견해를 보인다. 자연과 자아의 동일성은 이성의 절대적 확장을 전제로 하고 있다.

---

13) 김준오, 『시론』(제4판), 삼지원, 1997, p.34
14) 김경복, 앞의 책, pp.75~78.
15) 강대석, 『독일관념철학과 변증법』, 한길사, 1988, pp.163~168.

모란이 피기까지는
나는 아직 나의 봄을 기둘리고 있을 테요
모란이 뚝뚝 떨어져버린 날
나는 비로소 봄을 여읜 설움에 잠길 테요
오월 어느날 그 하루 무덥던 날
떨어져 누운 꽃잎마저 시들어버리고는
천지에 모란은 자취도 없어지고
뻗쳐오르던 내 보람 서운케 무너졌느니
모란이 지고 말면 그뿐 내 한해는 다 가고 말아
삼백 예순날 하냥 섭섭해 우옵네다
모란이 피기까지는
나는 아직 기둘리고 있을 테요 찬란한 슬픔의 봄을
                    ― 김영랑, 「모란이 피기까지는」 전문

　　모란이 핀다는 것은 우주가 그 비밀을 순간적으로 서정적 자아에게
현시하는 행위이다. 이 순간적인 접신과도 같은 신비한 심미적 체험은
매우 주관적이고도 사적이다. 그리하여 서정적 자아는 단순히 봄을 기
다리고 있는 것이 아니라 어디까지나 '나의 봄'을 학수고대하고 있는
것이다. 쉽게 이 세상 누구와도 공유할 수 없는 '나만의' 봄이기에 서정
적 자아는 세계에 대해 자기중심적인 태도를 취할 수 있다. 오직 모란
을 통해서만 이 세계를 해석하려는 자아중심적 태도가 그러하다. 모란
이 뚝뚝 떨어져버린 날 '나'는 비로소 봄을 여읜 설움에 잠길 것이라고
말한다. 모란이 아니면 봄도 이 세계도 '나'에게는 아무런 의미가 없는
것이다. 이처럼 위의 작품에는 매우 주관화된 서정화 방식이 나타난다.
주체가 중심이 되어 세계와 일방적인 동일성을 이루어 내고 있다.
　　주체 중심으로 서정화, 동일화가 이루어지고 있다는 점에서 낭만적
서정시에서 서정적 주체는 대상에 대해 비민주적인 태도를 취할 수 있
다. 주체중심주의에 의한 서정화 방식이란 결국 서정적 주체가 중심이

되어 주변에 있는 대상을 일방적으로 타자화시키고 소외시키고 지배하는 구조로 발전할 수도 있기 때문이다.

이러한 부정성이 심화되면 문화적으로 정신적으로 제국주의화, 파시즘화가 나타나게 된다. 이것이 오늘날 탈근대주의자들이 우려하는 바 근대성의 부정적 측면이다. 낭만주의자들의 주관성이 좀 더 병적으로 심화되고 극단화되면 자아와 세계는 아주 단절이 되어버리고, 내면의 분열과 파탄이 초래된다. 모더니즘은 그때에 발생하게 된다. 서구 낭만주의에서 비롯되어 모더니즘에 이르기까지 확대재생산된 주체중심주의 미학의 부정적 측면에 대한 비판이 오늘날 거세게 대두되고 있는 것은 바로 이러한 이유에서이다.[16)]

그런데 김영랑의 매우 주관적이고 사적인 서정시학은 1930년대 초반에 나왔다는 점에서 나름대로 긍정적인 의미가 있다. 이때는 한반도 안에서 근대의 부정성이 심각하게 노정되지 않았다. 따라서 김영랑의 주체중심적인 서정시학은 근대시학의 긍정적인 측면을 수행하고 있었다고 보아야 할 것이다. 그것은 바로 개인성과 내면성의 강조를 통해 수행되는 것이다. 타락한 현실 속에서 자신의 내면만이라도 순수하게 지켜내고자 애쓰는 모습 역시 나름대로 가치가 있다 하겠다.

3. 서정적 동일성에 이르는 전통 동양적 방법

근대 낭만주의 이념 속에 들어가 있는 주체중심적 폐단에 대한 대안으로 제시된 것 중의 하나가 전통 동양적 방법이다. 이 전통 동양적 방법은 탈근대적 사유의 하나로서 전근대에서 차용해 온 개념이다. 동양적 방법으로 탈근대적 사유를 지향하는 시론가들 중엔 동일성이란

---

16) 구모룡, 『제유의 시학』, 좋은날, 2000, p.41.
   김경복, 앞의 글, pp.66-72.

용어 대신 조화나 物化 같은 전통적 용어를 사용하고자 하는 이들이 있다.[17] 이것은 동일성이란 용어를 사용하는 한 그러한 주체중심주의적 뉘앙스로부터 자유로울 수 없다는 판단 때문이다. 그러나 조화나 물화 등의 전통 동양적 용어도 명백히 서정적 동일성에 이르는 방법 중 하나에 지나지 않는다. 그 동일성의 내용과 방법이 서구 낭만주의 시론가들이 말하는 것과 다를 뿐이다.

(1) 情景論的 방법

오늘날 시인들은 누구나 할 것 없이 절대화된 주체로 인해 초래된 근대의 파국, 곧 인간과 자연의 분리, 인간과 인간의 분리, 인간 내면세계의 분열을 깊이 체험하고 있다. 이 근대의 파국을 경험하고 나서 그것을 극복하고자 가져온 전통시학 중에 하나가 바로 정경론이다. 정경론이란 시적 주체와 객체가 대등한 입장에서 서로 만나 교융하는 방식이다. 서구 낭만주의 시학에서처럼 주체 중심으로 기울어지지도 않고, 고전주의 시학에서처럼 객체 중심으로 경사되지도 않는다. 전통주의자들은 주체와 객체간의 균형잡힌 미학인 정경론으로 서구 미학이 초래한 심한 불균형을 바로잡으려 한다.

情景論이란 한시에서 널리 사용되는 시학이론이다. 전통적인 한시, 특히 자연서정시는 자아의 情과 대상의 景이 서로 만나 하나로 융해된 상태에서 쓰여진다고 보는 이론이다. 이렇게 情과 景이 통히 하나로 융해되어 있는 세계는 어디까지가 情이고 어디까지가 景인지 분리되지 않는다. 王夫之가 그것을 잘 이론화하고 있다.

---

17) 구모룡, 앞의 책, p.41.
　　김경복, 앞의 책, pp.84~89.

情과 景이 이름은 둘이지만 실제로는 분리할 수 없는 것이다. 詩로써 神妙한 것은 〔情과 景이〕 감쪽같이 하나가 되어 이어댄 자리가 없고, 공교로운 것은 情 가운데 景이 있거나 景가운데 情이 있거나 한다.[18]

이러한 정경교융론은 중국뿐만 아니라 우리나라에서도 사대부들의 한시에서 하나의 중요한 창작 지침이 되어 왔다. 조선조 문인화 정신을 부활시키고 있는 문장파 시인들이 이 정경론을 그들의 미학이념으로 그대로 계승하고 있다는 것은 의미심장하다. 가령 이병기가 전통지향적 자연시 속에 '山海風景'과 '山水情懷'[19)가 나타난다고 하거나, '情景'[20) 이 보인다고 술회하는 것 등이 그러하다. 정지용 역시 客觀景物 묘사로서의 景과 主觀情緖 표현으로서의 情을 다같이 강조하고 있다. 그리고 조지훈의 시학에서도 객관경물의 묘사를 중시하는 모방론적 견해와 자아의 情을 중시하는 표현론적 견해가 불가분의 것으로 서로 맞물려 있다. 이들 문장파 시인들은 근대의 파국을 초극하려는, 탈근대적 지평을 여는 방법과 정신을 전근대적 사상에서 얻어오고자 한 것이었다.

골작에는 흔히
流星이 묻힌다.

黃昏에
누뤼가 소란히 싸히기도 하고

꽃도
귀향 사는 곳,

---

18) 王夫之, 「薑齋詩話」.
   이병한 편저, 『중국고전시학의 이해』, 문학과지성사, 1992, p.110에서 재인용.
19) 이병기(정병욱·최승범 편), 『가람일기』, 신구문화사, 1975, p.384.
20) 이병기, 「시조와 그 연구」, 『가람문선』, 1966, p.242.

절터ㅅ드랬는데
바람도 모히지 않고

山그림자 설핏하면
사슴이 일어나 등을 넘어간다.
　　　　　　　　　　　－정지용, 「九城洞」 전문

　위의 시에서는 자아의 주관정서와 객관대상의 경치가 분리되지 않는
다. 골짝에는 흔히 유성이 묻힌다고 할 때 단순히 객관 경물의 묘사로
끝나지 않는다. 심산유곡의 고적한 분위기를 묘사하는 중에 어느덧 자
아의 주관 정서 역시 매우 고적함을 간접적으로 드러내고 있다. 꽃도
귀향 사는 곳이란 말로 객관 경물의 분위기와 주관 정서를 동시에 드러
내고 있다. 객관 경물과 분리되지 않은 주관 정서는 마지막 연에서도
확인된다. 사슴은 자아의 변형으로 은자의 모습을 하고 있다. 대상인
사슴의 모습을 통해 시적 주체의 고적하고 시름겨운 정서가 간접적으
로 드러나고 있다.
　이렇게 위의 시에서는 자아와 대상이 동일성을 지향할 때, 자아가
대상에 일방적으로 귀속되지도 않고, 대상이 자아에 흡수되지도 않는
다. 조지훈의 말대로 대상의 자아화, 자아의 대상화가 동시에 일어나고
있다.[21] 이처럼 이 시에서는 情과 景이 대등한 입장에서 불가분의 관계
를 맺고 있다.
　情과 景이 하나로 융합된 상태를 '감흥(感興)'이라 부른다. 興感 또는
感興이란, 퇴계에 따르면, 我의 情과 物의 景이 통히 하나로 만나 이루어
진 황홀경의 상태이다. 이 感興은 시학, 특히 정경론에서의 사물 인식
방법이지만, 그 구체적인 방법은 성리학, 곧 형이상학에서의 사물 인식
방법인 격물치지(格物致知)와 일치한다. 그 興感은 이른바 '거경(居敬)'의

---

21) 조지훈, 「시의 원리」, 『조지훈전집 3』, 일지사, 1973, p.15.

상태에서 일어난다. 居敬은 유가들의 심신 수양방법이다. 격물치지하기 위해서 인식 주체가 먼저 자신의 마음을 바르고 곧게 가지는 방법이다.

궁리(窮理)를 하기 위한 이 居敬의 상태에서 興感이 일어난다는 말에서 우리는 興感 역시 직관적이란 것을 알 수 있다. 興感이 직관적이라는 것은 그 속에 사물에 대한 형이상학적 인식까지 포함된다는 의미가 내포되어 있다. 다시 말해 興感으로 표현되는 정경론 속에는 형이상학론까지 포함된다는 뜻이다. 王夫之에 따르면, 정과 경이 서로 교융되는 가운데 자아의 마음과 사물의 정신이 하나로 만나게 된다는 것이다.

> 情을 품고 능히 그것을 표현할 수 있다면, 景을 보고 마음이 살아 움직인다면, 사물의 情을 체득하고 그 정신을 얻을 수 있다면, 자연스럽게 생동하는 구절을 얻게 될 것이고, 자연 조화의 묘함에도 참가하게 될 것이다.[22]

위의 글에서 우리는 자아의 情과 사물의 景이 하나로 만날 때 단순히 감각적이거나 정서적인 데 그치지 않고 형이상학적인 차원에까지 들어감을 볼 수 있다. 이것은 관조자가 사물의 形만 보는 것이 아니라, 사물의 情神까지 들여다본다는 것이다. 관조자의 마음이 관조되는 사물의 정신과 합일된다는 것이다. 이처럼 정경론 속엔 형이상학론이 내포되어 있다. 그 둘은 확연히 분리되지 않고 밀접하게 결합되어 있다.

(2) 形而上學論的 방법

동양시학에 있어서 형이상학론에 따르면, 시는 우주의 원리, 곧 道를 구현한다는 것이다.[23] 전통시학자들은 자연서정시를 쓸 때 단순히 자

---

22) 王夫之, 「詩繹」.
　　劉若愚(이장우 역), 『중국의 문학이론』, 동화출판공사, 1984, p.91에서 재인용.
23) 형이상학론이란 용어를 처음 사용한 사람은 유약우(劉若愚)이다. 그는 이 용

연의 景物 묘사나 정취를 표현하는 데 그치지 않고 그 속에 자연의 이법, 원리, 곧 道를 구현해야 한다고 생각하고 있었다. 詩 속에 형이상을 구현하는 것이 최고의 경지라는 이러한 시학은 고대 중국에서 생겨나 동아시아에 두루 일반화되어 현재까지 내려오고 있다.

유가들에게 있어서 도의 구현이란 객관적인 도와 주관적인 도의 일치에 의해 이루어진다. 즉 주관적인 理와 객관적인 理의 만남에 의해 이루어진다. 우리는 그것을 통상 물아일체라 부른다. 유가들에 따르면, 미란 주관적인 도와 객관적인 도가 하나로 합치될 때 실현되는 것이다. 따라서 이것은 서구의 모방론처럼 객관적인 美만을 반영하는 것도 아니고 표현론처럼 주관적인 美만을 표현하는 것도 아니다. 이런 이유로 형이상학론은 모방론이나 표현론과 다르다. 주지하다시피 모방론은 객관적인 美만을 일방적으로 반영한다. 이때 인식 주체의 정신은 거울에 지나지 않는다. 반면 표현론은 주관적인 美만 표현한다. 이때 외부 대상은 그 자체 미적 가치를 띠지 못한다. 표현론에서 미적 가치란 오로지 인식 주체의 선험적인 미적 인식 카테고리에 의해 결정된다. 따라서 이때 외부 대상은 등불과 같은 주체의 정신으로부터 빛을 받는 존재에 머문다. 이와는 달리 형이상학론에서는 주관적인 미와 객관적인 미가 대등하게 만나 통히 하나로 되는 데서 완전한 미가 실현된다.

주·객 양면성을 동시에 지니고 있는 형이상학론은 지나치게 주·객이 분리되어 있는 근대문화의 폐해를 극복하는 대안으로 기능할 수 있다. 1930년대 후반 이병기, 정지용, 조지훈과 같은 문장파 시인들이 시와 시론에서 형이상학론적 관점을 담지하고 있었다는 것은 바로 당대 문학이 지니고 있던 기형적인 면을 교정하고자 함이었다고 볼 수 있다. 서구 낭만주의 시학의 영향을 받은 시론들의 지나친 주체중심주의 성

어를 다소 애매하게 사용하여 모방론과 혼동되는 결과를 초래했다. 하지만 그 자신 형이상학론이 모방론과 다르다는 것, 모방론과 표현론의 중간에 서 있는 것이라 해명한 바 있다. 유약우, 위의 책, p.107.

향과 서구 고전주의 시학의 영향을 받은 시론들의 지나친 객체중심주의적 편향들을 극복하고 균형 잡힌 시학을 제시하고자 했다고 보아야 할 것이다. 그리고 그것을 현대적인 것으로 재정립하고자 했을 것이다. 특히 1930년대 후반 모더니스트들에 의해 초래된 지나친 내면화에 대한 경계와 비판으로 제시했을 가능성이 크다. 나아가 그것은 하나의 탈근대적인 대안으로 제시되었을 가능성도 있다.

당대 모더니스트들에 의한 지나친 내면화 경향으로 말미암아 주관과 객관은 병적으로 분리되고 주체는 파탄되기에 이르렀다. 이런 상황 가운데 주·객 동일성의 중요성이 부각되었다. 그리고 그 주·객 동일성의 미학적 기반으로 정경론과 형이상학론이 제시되었던 것이다. 형이상학론은 주·객간의 정당한 관계와 우주적 조화와 질서를 지향하는 시학이다. 당대 모더니스트들이 형이상학과 우주적 질서를 부인하고 병적이고 그로테스크한 삶에 침윤되어 있었음을 상기할 때, 이들 문장파의 형이상학론적 관점은 해체화의 시절에 중심을 잡아주는 원리로 작용했음을 알 수 있다.

> 실눈을 뜨고 벽에 기대인다. 아무것도 생각할 수가 없다.

> 짧은 여름밤은 촛불 한자루도 못 다 녹인 채 사라지기 때문에 섬돌 우에 문득 자류(柘榴)꽃이 터진다.

> 꽃망울 속에 새로운 宇宙가 열리는 波動! 아 여기 太古적 바다의 소리 없는 물보래가 꽃잎을 적신다.

> 방안 하나 가득 자류꽃이 물들어 온다. 내가 자류꽃 속으로 들어가 앉는다. 아무것도 생각 할 수가 없다.
> ─ 조지훈, 「아침」 전문

이 시에는 유가적인 형이상학과 인식론이 한꺼번에 나타나 있다. 격물치지란 인식론은 결국 理·氣를 중심으로 한 형이상학 위에 서있기 때문이다. 제1연에서 서정적 주체가 고요한 생명력의 움직임 속에서 대상인 物의 理를 인식하려고 취하는 자세를 엿볼 수 있다. 실눈을 뜨고 벽에 기대인다는 데서 심적 상태를 가지런히 하기 위해 시적 주체가 居敬의 자세를 취하는 것을 볼 수 있다. 평소 자신의 마음이 탁한 기(形氣)에 의해 흐려져 있기 때문에 居敬하여 마음을 안정시키고자 한다. 窮理에 앞서 居敬이 선행되는 것이다. 이 거경의 결과는 '아무것도 생각할 수가 없다'는 일종의 반무의식상태로 도달한다. 이것이 주체로서의 자아가 지니는 격물치지의 자세이다.

다음 제2·3연에서 物 자체가 지닌 理의 모습이 전개된다. 그것은 문득 자류꽃이 터진다는 데서부터 암시되고 있다. 꽃망울 속에 새로운 우주가 열린다는 것은 자류꽃 속에도 태극으로서의 理가 갖추어져 있다는 것이다. 그 자류꽃이 벌어진다는 것은 자류꽃이 자아를 향해 자신의 생명적 본질을 드러낸다는 것을 의미한다. 여기서 자류꽃은 우주 자연의 제유적 일부이다.

마지막 연에서 우리는 서정적 주체와 대상인 자류꽃 사이에 물아일체가 이루어짐을 볼 수 있다. 이때 서정적 주체와 자류꽃 사이 물아일체는 생명적으로 이루어지고 있음을 볼 수 있다. 즉 시적 교감이 생명적임을 알 수 있다. 방동미 식으로 말해서[24], 우주 자연 속에 들어있는 보편생명과 서정적 주체 속에 들어있는 개별생명과의 교감이 이루어지고 있는 것이다. 이처럼 동양시학에서 형이상학론은 생명시학과 밀접히 연결되어 있음을 볼 수 있다. 여기서 말하는 道란 바로 사물들 속에 들어있는 생명적 이치, 곧 生理에 다름 아니다.

---

24) 方東美(정인재 역),『중국인의 인생철학』, 형설출판사, 1983, p.23.

4. 서정적 동일성에 이르는 미메시스적 방법

미메시스란 고전주의적 삶에 이르는 방법이다. 미메시스를 통해 자아는 객관적인 대상, 주어진 이상적이고 규범적인 모델을 본받고 흉내내고 닮고 베낀다. 그러한 가운데 대상에 동화되고 대상과 합일한다. 대상과 합일함으로써 부박한 현실로부터 정신적으로 존재론적으로 구원을 받는다. 여기서는 서정적 동일성이 주체중심이 아니라 대상중심으로 이루어진다.

얼핏 보면, 플라톤에게 있어서 시인이 취하는 미메시스의 대상은 물질세계, 곧 현상계에 국한되어지는 것으로 여겨진다. 그런데 물질세계에 존재하는 그림자같은 존재자들은 언제나 관념적인 실재로서의 이데아 세계를 사모(eros)하고 있다.[25] 즉 모든 존재자들은 본질적인 존재인 이데아를 동경하며 그것을 닮고자 끊임없이 노력하고 있다. 다시 말해, 현상계에 존재하는 모든 불완전한 존재자들은 이데아 세계에 존재하는 본질적 존재를 모방하고 닮고 베끼고 그것에 동화됨으로써 자기 자신의 완성을 도모하고 불완전한 현실로부터 벗어나고자 노력하고 있다. 따라서 이 에로스적 욕망에 사로잡혀 있는 현실세계를 모방한다는 것은 궁극적으로 본질적 세계, 곧 관념세계를 모방하려는 욕망과 연결되어지는 것이다. 비록 관념세계를 모방하려는 이 욕망이 헛된 결과로 나타날지라도 말이다.[26]

본질적 존재를 닮고 베끼고자 애쓰는 현실세계를 모방한다는 점에

---

25) 플라톤(박희영 역),『향연』, 문학과지성사, 2004, pp.140~144.
26) 김태경은 플라톤이 모방예술을 제한적인 의미에서 인정하고 있음 밝히고 있다. 시인이 훌륭한 대상을 옳게 모방한다면, 그러한 모방작품이 젊은이들에게 나쁜 영향을 미치지도 않으며, 따라서 시인이 비난받을 이유도 없다는 것이다. 그리고 설사 나쁜 대상을 모방하더라도, 그가 그것을 제대로 모방한다면, 그가 비난받을 이유 또한 없다는 것이다.
김태경,「플라톤의 국가에서 모방과 정치성」,『인문과학』제39집, 성균관대학교 인문과학연구소, 2007, p.162~166.

있어서 플라톤이 사용하는 미메시스에는 '동화'의 개념이 들어가 있다고 볼 수 있다. 초월적 절대적 실재의 세계에 동화되고자 하는 꿈이 헛되이 끝날지라도 불완전한 현실세계에 발을 딛고 있는 시인은 그런 꿈을 끊임없이 꿀 수밖에 없는 것이다. 이와 같이 플라톤은 미메시스를 단순히 창작의 원리가 아니라 삶의 원리, 고전주의적 삶의 방식으로 제시하고 있음을 볼 수 있다.

미메시스라는 용어를 중요한 시학적 개념으로 사용한 또 하나의 이론가로 아우얼바하를 들 수 있다. 그는 다양하게 해석이 가능한 이 미메시스라는 용어를 주로 반영론적인 개념으로 축소하여 사용한다. 리얼리즘 미학이론 선상에 서 있는 아우얼바하에 따르면, 미메시스란 현실의 핍진한 묘사를 강조한 개념으로 주로 사용된다.[27] 그러나 미메시스에는 반영의 개념만이 있는 것이 아니다. 거기에는 모방, 동화, 구원의 개념도 내포되어 있는 것이다.

'동화'의 관점에서 미메시스라는 용어의 의미를 확장시킨 사람은 아도르노이다. 아도르노가 사용하고 있는 이 미메시스 개념은 예술론에서만 쓰이는 좁은 개념이 아니라, 인간과 자연, 주체와 객체의 관계에 관한 전반적인 행동양식으로 확장된다.[28] 아도르노는 근대 서구 주체중심주의 사상이 인간의 자연지배 및 인간지배를 가져온 것으로 보고 선사시대의 미메시스적 사유체계에서 그 대안을 찾고 있다. 계몽의 발전과 함께 소멸될 수밖에 없는 이러한 종류의 미메시스적 사유는 주술적 세계관과 관련되어 있다. 이것은 주체중심이 아니라 대상 중심, 객체중심으로 동일화가 이루어지는 방법이다. 아도르노 역시 자연을 매우 이상적인 것으로 상정하고 있는데, 이것은 고전주의적 계기를 내포하고 있는 삶의 일반적 양상이기도 하다.

---

27) 에리히 아우얼바하(김우창 · 유종호 역), 『미메시스 고대 · 중세편』, 민음사, 1987, pp.3~9.
28) Th. W. 아도르노, M. 호르크하이머(김유동 역), 『계몽의 변증법』, pp.30~34.

한편 리꾀르는 미메시스를 '창조적 모방'이란 개념으로 해석한다.[29] 그에 따르면 미메시스란 현실을 있는 그대로 복사하는 것이 아니라, 있는 그대로의 현실보다 더 훌륭하게 더 아름답게 창조적으로 구성하여 만들어 낸 '새로운 세계'를 제시하는 것이다. 그에게 있어서 미메시스란 문학적 형상화를 통한 새로운 세계의 개시이다.

江나루 건너서
밀밭 길을

구름에 달 가듯이
가는 나그네

길은 외줄기
南道 三百里

술 익는 마을마다
타는 저녁 놀

구름에 달 가듯이
가는 나그네

—박목월, 「나그네」 전문

이 시는 박목월이 고향 모량리를 모델로 쓴 작품이다. 모량리에는 건천(乾川)이란 메마른 하천이 있다. 이로 미루어 모량리는 풍요롭지 못한 마을이었을 것이다. 게다가 일제말기 여느 농촌과 마찬가지로 수탈 받는 황폐한 마을이었을 것이다. 그럼에도 불구하고 시적 주체는 이 마을을 강물이 흐르고 집집마다 술이 무르익고 있는 이상적인 농촌

---

29) P. Ricoeur, Metaphor vive, Seuil, 1975, pp.13~69.

으로 바꾸어 놓았다. 이것은 서정시가 취할 수 있는 허구적 장치 때문에 가능하다.

이 허구적 장치를 통해 모량리는 실제 있는 그대로의 농촌이 아니라 언젠가 이 땅에 도래해야 할 이상적인 농촌, 곧 당위적 세계로 바뀌어져 있다.[30] 그것은 현실적으로 고통 받고 있는 식민지 농촌 사람들이 모방하고 닮고 베끼고 싶어 하는 세계인 것이다. 즉 동화되고 싶은 세계이다. 이 동화되기를 통해 이상적인 세계와 동일성을 획득하는 것이다. 이 동일성을 통해 시적 주체는 정체성을 확보하고 문학적으로 구원을 받을 수 있는 것이다.

서정시에는 이렇게 당위적인 세계를 선취하여 제시하는 측면이 있다. 선험적 고향과 같은 당위적인 세계를 먼저 제시해놓고 우리의 삶을 거기에까지 끌어올리려는 이념적인 측면이 강하게 들어있다. 여기서 제시되는 당위적 세계는 관념으로 존재한다. 따라서 그것은 일종의 이데아이다. 관념적인 이상세계는 잃어버린 낙원으로서의 자연이거나 인류사의 시원, 이데아의 세계, 초월적 절대자 등 근원적인 것으로 나타난다. 근원적인 것으로 존재하는 이 모방의 대상은 절망적인 현실을 비판하고 개혁할 수 있는 지표가 된다. 이것은 보수주의적인 현실개혁 방법으로 자못 의미가 크다 할 것이다.

---

30) 김준오, 『시론』, 삼지원, 1992, p.21.

찾 아 보 기

저자 약력

최승호

- 필명: 최서림
- 1956년 경북 청도 출생
- 서울대 국어국문학과 및 동 대학원 박사과정 졸업
- 대구대학교 사범대학 국어교육과 교수 역임
- 현재 서울과학기술대학교 문예창작학과 교수
- 저서로 『한국적 서정의 본질 탐구』, 『서정시의 이데올로기와 수사학』, 『서정시와 미메시스』 등이 있으며,
- 비평집으로 『말의 혀』가 있다.
- 시집으로 『이서국으로 들어가다』, 『유토피아 없이 사는 법』, 『세상의 가시를 더듬다』, 『구멍』, 『물금』, 『버들치』 등이 있다.
- 제1회 클릭학술문화상, 제12회 애지문학상을 수상했다.

서정시의 언어와 이념

저 자 / 최승호

인 쇄 / 2015년 9월 15일
발 행 / 2015년 9월 21일

펴낸곳 / 도서출판 청운
등 록 / 제7-849호
편 집 / 최덕임
펴낸이 / 전병욱

주 소 / 서울시 동대문구 한빛로 41-1(용두동 767-1)
전 화 / 02)928-4482
팩 스 / 02)928-4401
E-mail / chung928@hanmail.net
         chung928@naver.com

값 / 18,000원
ISBN 978-89-92093-48-4

이 도서의 국립중앙도서관 출판예정도서목록(CIP)은 서지
정보유통지원시스템 홈페이지(http://seoji.nl.go.kr)와 국가
자료공동목록시스템(http://www.nl.go.kr/kolisnet)에서
이용하실 수 있습니다.(CIP제어번호: CIP2015023623)